咖啡究極講座之

手沖咖啡大全

The art of handcraft coffee

醜小鴨咖啡師訓練中心／著

前言

　　一般來說，濾泡式咖啡是最普遍的咖啡沖煮方式，如果想要讓咖啡風味的呈現更加完整的話，手沖咖啡則是您的不二選擇。

　　手沖咖啡基本上是以濾杯和手沖壺等兩種工具來製作，這兩種工具演變至今已經有數十種的組合，光是濾杯就不下十數種，而種類繁多也是很多咖啡愛好者在選用上的煩惱。之所以會引來煩惱，其原因都是來自於對濾杯設計的一知半解，進而在沖煮時無法掌握咖啡萃取的完整度，並接著衍生出水感、風味不足、雜味，甚或不好的澀感等問題。

　　有鑑於此，醜小鴨在手沖式咖啡上花了相當長的時間將其系統化，目的就是要讓手沖咖啡的每個過程都有合理的解釋，最終發揮濾杯100％的功能。而在總和現今所有的濾杯與研究後，醜小鴨成功地規劃出三種代表性的濾杯；甚至跟金杯理論有了直接性的結合。

　　本書中將針對現今最常見的三種濾杯——Kalita、Hario V60、Kono，來做分析。這三個濾杯分別都有獨特的設計之處，甚至可以依照個人喜好來做選用，像是喜歡風味分明香氣明亮的就可以選擇Hario V60，如果是喜好濃厚口感的你Kono則是你的不二選擇，而Kalita則是在香氣與口感可以達到最佳的平衡。

　　但是在使用這些濾杯之前，我們先認識一下主角之一——咖啡。（→P.6）

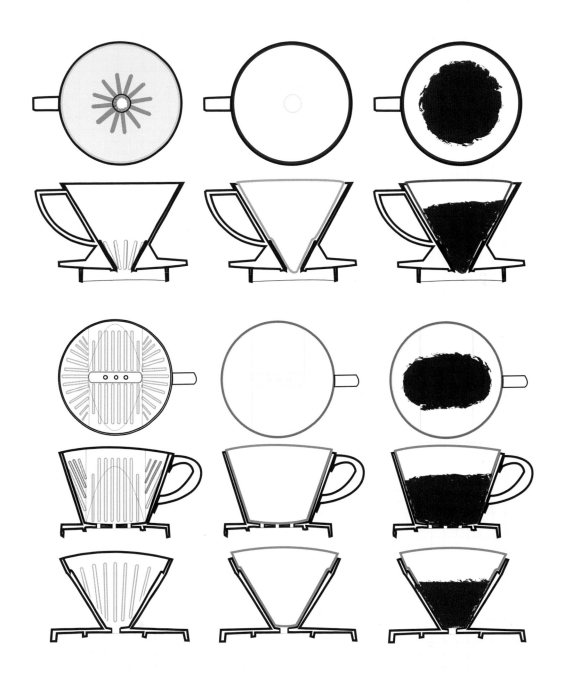

Contents

P.6 **Chapter 1 咖啡豆的基本知識**

咖啡櫻桃 8
生豆的處理法 10
烘焙的基本概念 12

P.22 **Chapter 2 磨豆機的基本設計與了解**

咖啡粉粗細的概念 24
磨豆機的選擇 26
粗細的選用 33

P.36 **Chapter 3 手沖基本沖煮架構**
—— Kalita 三孔扇形濾杯

濾紙才是重點 38
Kalita 扇形 三孔濾杯 40
顆粒粗細與研磨的基本概念 41
濾杯的設計概念與對應的沖煮手法 46
沖煮示範 48

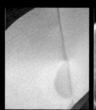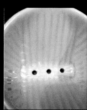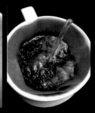

P.70　**Chapter 4　手沖進階沖煮**
　　　　　　　── Kono 與 Hario V60 錐形濾杯

　　濃度與圓錐濾杯的關係　　72
　　Kono的虹吸設計　　74
　　虹吸效應所產生的氣壓式萃取　　76
　　沖煮示範　　81
　　Hario V60 的壓榨式萃取　　91
　　螺旋肋骨的真正用意　　98
　　沖煮示範　　99

P.108　**Chapter 5　手沖的應用──手作濃縮咖啡**

　　手作濃縮咖啡的起源 東京 銀座 琥珀咖啡　　110
　　濃縮的定義　　116
　　手作濃縮的實踐 Kono圓錐濾杯　　118
　　手作濃縮示範　　120
　　濃縮的飲品應用──拿鐵／冰沙　　125

P.126　**Chapter 6　手沖的應用──不用等的冰滴咖啡**
　　冰滴與冰咖啡的差別　　130
　　冰咖啡沖煮示範　　131

Chapter 1
咖啡豆的基本知識

外皮

果肉

種籽

黏液

銀皮

咖啡櫻桃

　　實際上咖啡也是水果的一種,我們一般所說的「咖啡」,是指果實裡的種籽,而果實則被稱為咖啡櫻桃(Cherry)。

　　咖啡樹為茜草科多年生的高木,正常可以生長到6～8公尺高,但是在莊園的管理下,栽種的咖啡樹大多會被維護在2公尺左右的高度。全世界的咖啡屬植物大約有40多種,人工栽培用於製作咖啡的大致可區分為阿拉比卡種,羅布斯塔種和賴比利卡種。

　　咖啡種植的分布因氣候的需求,大致分布於南回歸線與北回歸線上,而這一大片區域所涵蓋的區域遍及非洲、中南美洲和一部分亞州國家。以產量來區分的話,第一名是巴西,越南居次,第三則是哥倫比亞。

　　咖啡在還沒經過處理之前,它的果實外觀很像櫻桃,而我們真正使用的部分,則是位於果實裡面的種籽。左圖是咖啡櫻桃的剖面圖,中間綠色的部分就是種籽。而從咖啡果實又內而外的結構,分別為種籽、銀皮、黏液、果肉,以及最外層的外皮。

生豆處理法

　　為了要將種籽取出，會有一些既定的處理過程，其處理方式分別為水洗和日曬處理法兩種。因處理方式的不同，也會影響咖啡風味的變化。

　　水洗法是將咖啡櫻桃去除外皮後，藉由水洗的過程，將內部的果肉和黏液去除，然後再將洗出的種籽，藉由太陽或機器來進行乾燥的動作。而日曬法則是保留外皮，直接在太陽的曝曬或機器的乾燥後，再將種籽取出。

　　水洗處理法在過程中，因水的關係而加強了發酵的程度，為咖啡生豆帶來更豐富的酸質。日曬與水洗處理法的選用，是依照地區性的限制而產生的。非洲地區因常年缺水很難用水洗法來處理，所以日曬就成了唯一的選擇。順帶一提，日曬法因為是將咖啡櫻桃整顆曬乾再去除外皮，所以相對的在設備的準備上也會比較簡單。

　　除了這兩種處理法之外，還有一種介於兩者之間、名為蜜（HONEY）處理法的方法，它和水洗法的差別，是在去除外殼後，只用水清洗去除果肉，將包覆在種籽外的黏液保留下來，以這樣的狀態直接曬乾。此處理法的優點是可以減少日曬法品質不穩的缺點，而且種籽在有黏液包覆的情況下曬乾，還可藉此吸取更多養分，製造出更厚實的口感。

　　以上三種處理法各有優缺點，例如水洗法在口感上會比日曬稍嫌不足，而日曬法雖然擁有豐厚的口感，但是過程中的不穩定性，則常會讓良率過低。因此處理法並非影響咖啡風味的絕對因素，接下來要說明的「烘焙」才是真正的關鍵。

烘焙的基本概念

咖啡生豆在出貨之前,原則上會在儲藏室待三到六個月不等的時間。此等待的過程是為了讓生豆內部的含水分布可以更均勻,讓生豆在之後的運送過程中,可以保持較佳的品質,也能增加生豆的新鮮程度。

生豆含水的均勻度會直接影響到緊接在後的烘焙,含水分布要是內外差異太大,會讓生豆在脫水和加熱的階段,產生受熱不均的情形。而且要是脫水階段的受熱沒處理好的話,則會讓接下來的導熱和整體水分蒸發更不均勻。

咖啡生豆本身就具有原產區的特色與風味,但如果生豆內部含有多餘水分,則會將這些原本具備的特色稀釋而不容易辨別,因此烘焙的最主要目的,就是要讓生豆的整體水分能均勻地抽乾。此外,依據脫水率和焦糖化的多寡,風味和特色也會截然不同。

我們可以將生豆烘焙大略分為淺焙、中焙與深焙等3個階段,然後再加以細分為以下8大種烘焙程度。

◆ 極淺烘焙(Light roast)
◆ 淺烘焙(Cinnamon roast)
◆ 中度烘焙(Medium roast)
◆ 中微深烘焙(High roast)
◆ 中深度烘焙(City roast)
◆ 微深度烘焙(Full city roast)
◆ 極深烘焙(French roast)
◆ 極深度烘焙(Italian roast)

以上這些焙度的差異,主要是在於酸甜和焦糖化程度的不同。淺焙原則上都是以酸甜為主調性,進而突顯產區生豆的獨特香氣;而深焙則是偏重口感與甜韻。焙度的選擇重點是以能將生豆風味、口感及酸甜度可以平衡為考量方向,因此不可以一體試用。

●熟豆不同烘焙程度

極淺烘焙

淺烘焙

中度烘焙

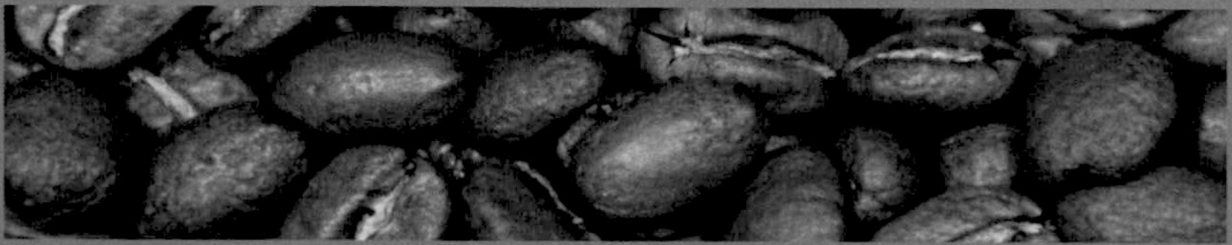

中微深烘焙

中深度烘焙

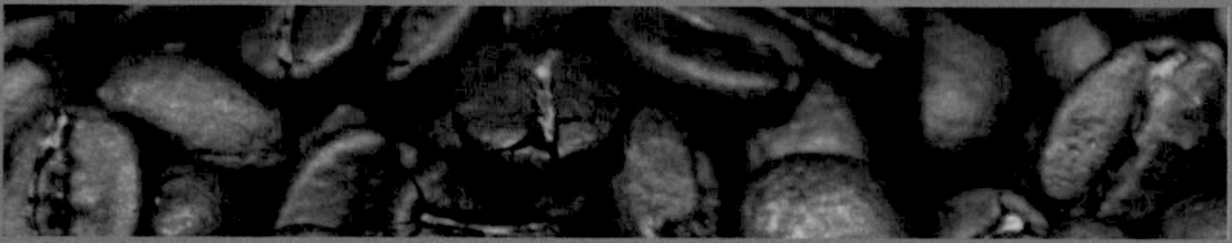

微深度烘焙

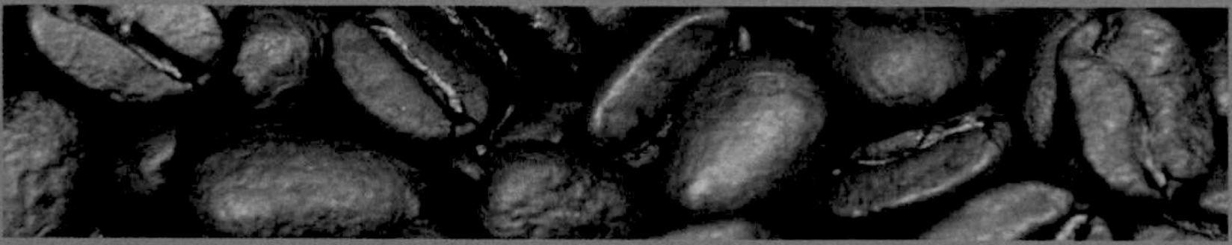

極深烘焙

極深度烘焙

深焙和淺焙咖啡的差異主要是在於失水率的不同，而失水率的不同則反映在咖啡顆粒可吸水空間的差異上。

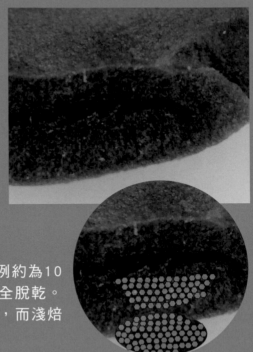

咖啡豆在烘焙過後，內部會呈現出如右圖般的蜂巢狀型態，而且是一個非常大的數量組合。

而在烘焙之前，每一個類似蜂巢狀的空間，都具有一定百分比的水分，就如右下圖藍色的區域所呈現的狀態。

每顆咖啡生豆可以被脫水的比例約為10％～30％不等，並無法百分之百完全脫乾。一般所謂的深焙是指脫水18％以上，而淺焙則是10％以上。

而此比例的差異可以從下圖看出差別。
脫水比例的高低會呈現在內部空間大小的差異上，脫水率越高內部空間會越大，這麼一來也會導致顆粒需要更久的飽和時間。

脫水率高，內部空間大

脫水率低，內部空間窄

咖啡顆粒的吸水量多寡和顆粒大小具有直接的關係，而其關鍵就在於咖啡在研磨後的切面上，所能呈現出的蜂巢狀細胞壁的數量。如果一顆咖啡顆粒所產生的切面面積越大，那它所呈現出來的細胞壁數量就會越多，進而使得咖啡顆粒的吃水飽和時間更加快速，如此一來咖啡顆粒就能溶出高比例的可溶性物質。

　　可溶性物質大多是存在於顆粒的細胞壁內，因此顆粒所吸附的熱水越多，就能釋放出越多的可溶性物質。橫切面的面積越大，就能讓越多的細胞壁來吸附水分，因此咖啡顆粒的研磨粗細調整基準，就是以細胞壁吸水面積多寡為原則。

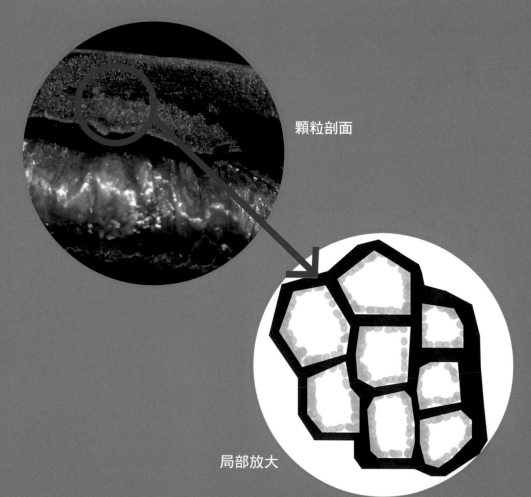

顆粒剖面

局部放大

咖啡成分的小知識

蔗糖

在烘焙過程中有一部分會熱解成甲酸、醋酸、乳酸、甘醇酸，因此含糖量越高的生豆，在淺中焙時則會越酸。

咖啡因

略帶苦味，熔點高達237℃，因此剛烘焙好的咖啡熟豆，其咖啡因可以完整被保留下來，在萃取時會融入咖啡液中。適量的咖啡因可以刺激中樞神經系統、心臟和呼吸系統，並舒緩肌肉疲勞。

綠原酸

淺焙至中焙（一爆至二爆），約有50%的綠原酸會降解為奎寧酸（酸澀）。

奎寧酸

奎寧酸在二爆時含量最大，使得深焙與淺焙風味差異變大，而萃取好的咖啡液放涼會偏酸，也是因為奎寧內脂水解為奎寧酸，進而增加咖啡酸澀味。

酸性脂肪

脂肪中含有酸，其強弱會因為咖啡的種類而有所不同。

揮發性脂肪

咖啡香氣的來源，依地區性的不同，共可以辨別出約40種芳香物質。

纖維

占咖啡熟豆的70%，不可被萃出。

咖啡的萃取是在萃取什麼東西
——可溶性物質

　　當我們在沖煮咖啡時，你可想過我們是在沖煮咖啡的何種物質嗎？其實咖啡生豆在烘焙後，含有約70％無法溶於水的纖維，就如同木頭裡的纖維一般。而我們真正要萃取的，就是沾附在纖維細胞壁上，經過烘焙脫水後所殘留的可溶性物質。

　　咖啡果實在經過採收和後製處理後，就是呈現出我們所常見的翠綠色咖啡生豆，這時的生豆內部還具有水分，所以需要經過烘焙的步驟，將內部的水分均勻地脫乾。

　　右圖就是經過烘焙過後的咖啡豆，此兩者的差異就是生豆原有的翠綠部分，會因為水分褪去的關係而轉為深褐色，而原本光滑的切面也會因水分的褪去，而產生一個一個的小空間，讓整體從中心向外脹開。

　　隨著水分蒸發的比例越高，內部也會因乾燥程度而壓縮了木質纖維的部分。右圖是深焙的咖啡豆（二爆結束），可以看到內層因為乾燥而慢慢分離。

　　生豆烘焙的過程中是藉由熱源對內部這些含水的小空間做均勻的加熱，裡面的水分會慢慢沸騰產生蒸汽，最後就衝破細胞壁將蒸汽散出。

　　同一時間，當累積的蒸汽一次性的釋出，我們就會聽到一陣清亮卻又厚實的爆裂聲，這就是所謂的一爆。

　　蒸汽釋放所產生的一爆，其產生的力道也將生豆內部的空間撐開，一方面可以讓蒸汽可以釋放的更順暢，再來也助於熱能因內部被撐開而能繼續進入生豆內部加熱。

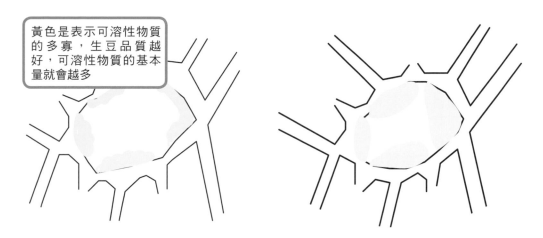

黃色是表示可溶性物質的多寡，生豆品質越好，可溶性物質的基本量就會越多

　　一爆的聲音會持續好一陣子，時間的長短會因為豆子密度的高低（含水量）而有所差異，等到一爆聲響結束後，也就代表細胞壁裡的水蒸汽釋放得差不多了。這時水分蒸發後所殘留的可溶性物質，就是我們要萃取的物質。而豆子的好壞（密度高低），則會影響基礎可溶性物質的多寡。

　　一爆之後熱能會再持續進入顆粒內部，因此會有第二次的蒸汽釋放，也就是二爆。而內部空間也會因二爆而產生第二次的膨脹，右圖是將生豆從一爆到二爆結束的圖片一一排列，這麼一來我們就可以清楚觀察到內部空間結構的改變。

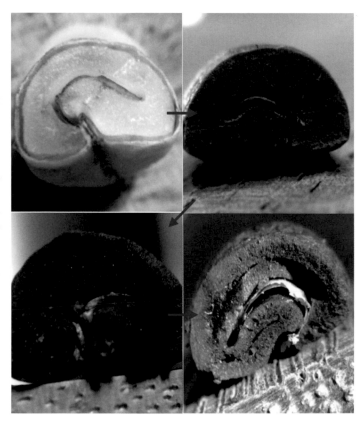

　　烘焙過後的生豆可以萃取的部分大約是30％，如果先不管深淺焙度，我們的目標就是要讓這30％的可溶性物質，可以從顆粒裡釋放出來。為了讓這些貼附在細胞壁的可溶性物質，能快速釋出在熱水裡，我們要先讓細胞壁和水接觸的面積加大。

　　因此研磨最主要的目的就是讓細胞壁吃水面積變大，進而加快可溶性物質釋放到水裡的速度。

左圖是將顆粒研磨後置入熱水中1分鐘後所記錄下來的畫面，我們可以明顯看到熱水的顏色已經慢慢變色。

右圖是使用同樣的條件，但將粗細調細一半，一樣在1分鐘後所記錄下的變化，我們會發現熱水的顏色比之前較粗的顆粒顏色深了約1倍之多。

Chapter 2
磨豆機的基本設計
與了解

咖啡粉粗細的概念

　　將咖啡粉磨細的確是可以讓可溶性物質釋放速度變快，但讓釋放速度變快的關鍵還有一個，那就是萃取率（可溶性物質和水結合的比例）的增加。要讓可溶性物質溶於水，需要使之和熱水結合一段時間，就像是燉煮湯品一樣，並不是煮沸就好。

　　將顆粒的研磨度調細，雖然能讓可溶性物質釋放變快，但相對的也會加快木質部吃水的速度，一旦木質部吃水過多，澀味和雜味就會變重。因此在顆粒較粗的情況下，木質部吃水的狀態反而是比較慢的。

　　而研磨的方式與器具，則是萃取的另一重點。

　　現今最常見就是平刀與錐刀，一台好的磨豆機基本上需要有兩個條件：第一是細粉少，第二是研磨完的顆粒在目視的情況下，不能有大小不一的狀態。細粉會比一般顆粒吸水快，所以在同樣的沖煮環境下，提早釋出不好味道的機會（尤其會讓木質部的纖維提早釋出壞物質），讓咖啡充滿不好的苦澀味。

　　平刀現有缺點就是會產生太多的細粉，錐刀雖然能讓顆粒均勻，但是在磨碎過程中，會有碾碎的動作產生，使得原本應該漂亮的切面產生不必要的毛邊（Burr），這些毛邊則會產生類似細粉的效應，讓熱水先附著在切面的毛邊上，然後慢慢進入到細胞壁，在這種情況下，熱水就會和停留在表面太久一樣，產生出澀味與雜味。

　　接下來將完全解析現有的磨豆機種類和優缺點，讓我們在選用上有更明確的方向。

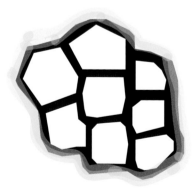

表面光滑的顆粒，可以讓水快速接觸到細胞壁。

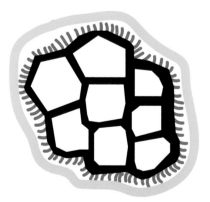

表面有毛邊的顆粒，會讓水卡在細胞壁外圍，進而影響細胞壁吸水。

磨豆機的選擇

磨豆機一般可分為平刀和錐刀等兩大種類。

● 平刀（左圖）是以削為概念將咖啡磨成顆粒，所以其外形是以片狀為主。

● 錐刀（右圖）是以碾為概念將咖啡磨成顆粒，所以其外形是以塊狀為主。

平刀　　　　　　　　　　　　錐刀

　　在外形上，片狀的顆粒會比較接近扁長的長方形，而塊狀則較接近六角形。因為基本形狀的差異大，所以在比對兩種磨豆機的研磨粗細時，很難從外觀上分辨出差異，但是事實上兩者對於水所形成的阻力差異，卻不會有太大的差距。

　　因此要校正這兩種磨豆機的粗細時，還是要以實際的沖煮狀況，作為粗細調整的基準。

平刀的優缺點

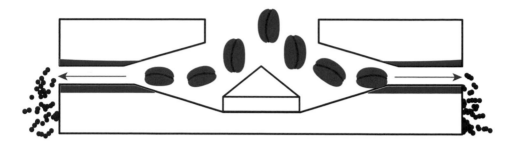

　　平刀是由上、下兩片刀盤所組成，底座固定在馬達上，當馬達啟動時，轉動上、下刀盤產生切削的動作。

　　當咖啡顆粒從中間落下時，底部旋轉的刀盤會將顆粒旋至外圍，將顆粒推進紅色齒刀的部分，進行研磨的動作。

　　平刀的上、下刀盤是以平行的方式擺置，所以顆粒需要靠底部刀盤旋轉的力道，才能將咖啡顆粒推進刀盤中，因此放置在上方的咖啡豆重量，就會影響咖啡顆粒進入刀盤的均勻度，進而影響到咖啡豆在研磨時所產生的大小不均程度。其次，因為推擠而使顆粒間碰撞的次數增加，僅而導致細粉產生的比例也會隨之大幅提高。<u>這就是平刀研磨的顆粒均勻度較差、細粉較多的原因。</u>

平刀所研磨的咖啡顆粒是呈現片狀，片狀可以讓細胞壁的面積變大。

讓可溶性物質可以儘早吃到水，這樣的優勢可以讓可溶性物質快速溶於水中。

　　所以在咖啡粉切面多、吃水又快的情況下，咖啡萃取濃度可以在短時間得到提升，使得咖啡的香氣能非常明顯地隨之提升。

錐刀的優缺點

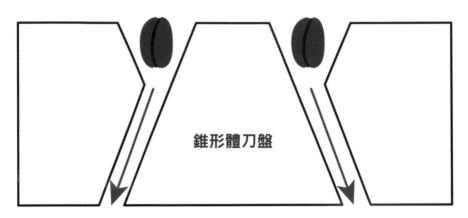

錐形體刀盤

　　錐刀式的磨豆機設計主要是在底部放置錐形的刀盤，然後配合外環的刀盤來進行研磨（如上圖所示）。從側邊來看，咖啡熟豆由上方落下後，會隨著錐形刀盤旋轉將咖啡熟豆往下拉扯，進而產生研碾的動作，也因為是由上往下的關係，所以顆粒可以不需要靠推擠的方式而將顆粒推出，和平刀式磨豆機相較下，顆粒間的碰撞次數會變少許多。如此一來，細粉產生的比例也會相對減少許多，並讓顆粒的均勻度會獲得大幅的提升。

研碾的顆粒會接近顆粒狀。從外觀看起來，會覺得細胞壁的吃水面積變多，但實際上內部反而要花更長的時間才能吃到水。

因此錐刀的顆粒在初期所釋放的可溶性物質自然會比較少，而濃度也會稍淡。

　　錐刀的缺點就是吃水的路徑相對地較長，使得咖啡顆粒需要泡在水裡較長的時間，才可以溶出較多的可溶性物質。

藉由上述平刀與錐刀的基本架構，我們可以歸類以下幾點心得：

❶平刀所產生的顆粒是以片狀為主體，而錐刀是以顆粒狀（塊狀）為主體。

❷平刀的片狀因為面積較大，所以細胞壁可以接觸水的面積也會比較多。

❸片狀咖啡粉因接觸到水面積變大，所以在一開始接觸到熱水時，可溶性物質釋放的比例也會變多。

❹顆粒狀咖啡粉則因面積較小，細胞壁可以接觸水的面積也會偏小。而因熱水接觸面積小，所以濃度也相對地變少。

總結上述四點，我們可以歸納一個階段性結論，那就是「需要濃度高的咖啡，在磨豆機的選擇上請使用平刀。而高濃度的因素也會讓香氣明顯，所以使用平刀其香氣會較錐刀明顯許多」。

以上的歸納是以咖啡粉顆粒一開始接觸到熱水時所產生的差異來做比較，接著如果是以讓萃取量增加、讓顆粒吃水的時間變長來做比較的話，平刀與錐刀的差別則會有以下的變化：

❺平刀所研磨出的片狀咖啡粉，因為形狀扁長、體積較薄，所以待在水裡的時間一旦變長，顆粒的木質部就會因為吸入過多的水量，而開始釋放雜味和澀味。

❻錐刀則因為顆粒體積較大且厚實，木質部吃水的面積較小，所以木質部要將水吃到飽和的時間，就會較平刀久。在長時間萃取下，錐刀的顆粒狀咖啡粉，比較不容易產生雜味和澀味。

萃取率是指我們在品嘗一杯咖啡時，可以感受口感的厚實度多寡，口感越厚實則萃取率越高。而萃取率的高低，則取決於可溶性物質和水結合的時間長短。整合以上萃取率的概念後，平刀和錐刀所研磨出的咖啡粉會呈現出的結論：平刀可以在短時間的萃取過程中得到較佳的濃度，而其高濃度的優勢會讓一杯咖啡的香氣較為明顯。但也因為平刀研磨出的片狀顆粒較薄，很容易就會讓木質部釋出不好的味道。反之，錐刀雖然因塊狀顆粒的體積較厚實，濃度無法像片狀那樣快速釋出可溶性物質，但是偏厚的體積可以減緩木質部吃水的時間，雖然香氣不像平刀研磨的咖啡粉那樣明顯，但是口感卻是最佳的。

我們當然可以針對平刀與錐刀各自優勢與缺點，而在給水手法上做些微的調整，但如果無法在基本形態進行改變，那麼就算給水手法如何補強，那也只能獲得杯水車薪之效。有鑑於此項缺陷，第三種磨豆機——鬼齒（臼齒）因而被發明出來。

有別於平刀和錐刀磨豆機，鬼齒磨豆機是集合了平刀和錐刀的優點，讓平刀的片狀顆粒在鬼齒的作用下，可以產生接近顆粒狀的體積，並讓錐刀的塊狀顆粒，在鬼齒的作用下獲得較大的吸水面積。

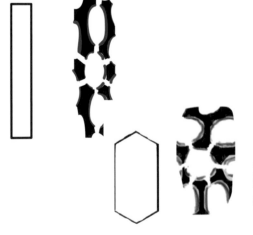

鬼齒磨豆機所研磨的顆粒會呈現較厚的片狀，在一開始觸碰到熱水時就可以釋放大量可溶性物質。

在我們瞭解了磨豆機的基本形態後，接著要來講解選擇的方針。

當我們在選擇磨豆機時，要先撇除刀盤的差別，最好要求「試磨」。試磨時可以將粗細先調整到偏細刻度，這麼一來可以觀察刀盤設計是否優良，不管平刀或錐刀，要是刀盤設計不好，在磨細的過程中，就會比較容易產生細粉。如果試磨時有這種狀況產生，那麼不建議選購。

再來的重點是「顆粒粗細可以調整的範圍」。一般來說，會建議至少要有八種顆粒粗細可提供選擇，這樣在面對不同焙度的咖啡豆時，才不會受到限制。

最後一項則是「顆粒的均勻度」。原則上研磨過的咖啡顆粒，是不會全部都一樣大的，畢竟咖啡熟豆本身的大小也不會都一樣，所以在研磨過程中是一定會產生大小差異的，因此如果要測試的話，一樣要將刻度先調偏細，如果磨完之後光用肉眼就可以分辨有些顆粒是明顯較大，那就不建議選用。

其他不建議的磨豆機

● 砍刀式磨豆機

砍刀式磨豆機是由一種類似果汁機的拌刀，對咖啡豆進行一直砍削的動作，因為砍刀式磨豆機無法設定粗細，所以只能任由砍刀一直做重複的動作來將顆粒變細。

砍刀式磨豆機的第一個缺點是無法精確對顆粒粗細進行調整，而另一個缺點就是顆粒大小差異非常大，有時甚至會出現大部分顆粒已經磨細，但是還能看到較大的顆粒。對於咖啡的萃取，顆粒的粗細是攸關吸水飽和度的關鍵，如果粗細差異太大一定會造成某些咖啡粉萃取過度，而某些咖啡粉則萃取不足的狀況。所以在選用磨豆機上，砍豆機是完全不建議。

● 手搖式磨豆機

近幾年因戶外活動的盛行，而使得攜帶式的手搖磨豆機不斷出現在市面上，當然攜帶方便是它最大的重點。在最近的商品中，甚至還已經有配置營業用刀盤的款式，雖然這是非常加分的轉變，但是手搖磨豆機卻會因為手施力的不均，而讓刀盤忽快忽慢，讓顆粒研磨的不均勻度大大提高，而這也是它唯一的缺點。

當各位在使用手搖磨豆機時，會建議用慢速加以研磨，讓顆粒的大小均勻度因而提升。

粗細的選用

　　本書中所使用的磨豆機，是一款來自日本的Bonmac磨豆機，後文中的顆粒粗細示範，都是以這款磨豆機的設定為基準。不過，在每個沖煮示範裡，我們還會再介紹其他磨豆機的對應刻度。

　　這台Bonmac磨豆機共有18種不同的粗細設定供使用者做選擇，針對不同的烘焙度都有可供對應的選擇。

其他推薦的磨豆機

　　上面的三種機種是現今被廣泛使用的磨豆機，從左依序為小富士、Kalita和卡布蘭沙。它們所使用的刀盤分別是鬼齒、平刀與錐刀。卡布蘭沙所配備的錐刀，在體積和價格上堪稱是CP值最高的一台，如果預算上有限，卡布蘭沙是不錯的入門款選擇。

　　而小富士配備的鬼齒雖然在價格上偏高，但是其精緻的刀盤對於量大的店家，則是極為有力的幫手，而且大量研磨下還是能維持穩定的品質，不會因大量而造成顆粒不均。

從下一章節開始，我們將針對現今最常見的濾杯，來講解水和顆粒結合的方式，以及濃度與萃取率的應用，而本書中還會首度公開醜小鴨最自豪的技術——手作濃縮咖啡。

　　現今市面上最常見的濾杯約有三種，依照問世的時間來看，分別為Kalita的扇形濾杯、KONO的圓錐氣壓式濾杯，以及Hario　V60的螺旋式圓錐濾杯。現今市面上還有很多各式不同類型的濾杯，但是以原創性與功能性來說，前述的三個濾杯還是最完整的。

　　前文中所提及的手作濃縮咖啡，所使用的濾杯就是KONO的圓錐濾杯，它的氣壓式抽取方式非常接近義式濃縮咖啡機的沖煮架構，如果再藉由給水手法的加強，就能為咖啡顆粒營造出釋放最大濃度的環境，進而沖煮出濃縮咖啡的口感。

　　不過，我們還是先按部就班的進行講解，在接下來的內容中，以扇形濾杯——Kalita作為手作咖啡萃取架構的起點，講解水與顆粒的正確結合方式。

Chapter 3
手沖基本沖煮架構
——Kalita三孔扇形濾杯

濾紙才是重點

濾杯和濾紙是手沖咖啡裡的重點工具，但如果要從這兩種器具中做選擇，各位會覺得何者對手沖咖啡而言才是最重要的呢？一般來說都會覺得是濾杯……，但其實濾紙才是手沖咖啡的首要條件。早期的手沖咖啡，都是以法蘭絨為主要工具，但後來因使用和保養的不方便，而漸漸不被使用，取而代之的就是現今所常見的濾紙。

濾布最大的特性就是其纖維會隨著水量膨脹和縮小，就如同可以調整的排氣開關一般，然而濾紙就沒這樣的優勢，木造纖維所制定的密度一旦定下就無法改變。此項無法調節的缺點，會讓濾紙濾出的水量從一開始就受到限制，隨著加水次數變多，阻塞的問題還會越趨嚴重，進而讓咖啡顆粒泡在水裡的時間拉長，使得壞物質釋出的機率大大增加。

現今所使用的濾紙已經針對此項缺點進行改善，而改善的方式就是將兩張不同密度的濾紙壓合在一起，這樣的概念就是源自於濾布，因為濾布的布面較細、絨面較粗，所以當我們使用濾紙時，要將較細的一面置於內部，較粗的一面放在外面。

濾紙內部

濾紙外部

將粗細差異改善只解決了其中一個問題，接著還要解決調整排氣量的問題。

　　將不同粗細的濾紙壓合在一起，是在模擬法蘭絨初期吃水的狀態，但是這樣還是無法單純用濾紙來調節水量，因此才會有濾杯的需求。

　　很多人都誤解了濾杯的功能，認為它只是一個類似放置濾紙的置物架而已，但實際上它卻是調節排水與排氣的最大功臣。為了要讓濾紙裡的水可以調整，首先要讓水量可以集中，因此濾杯的形狀不會設計成直立的形狀，而現今最常見的扇形濾杯就是個不錯的選擇。

不論在正面或是側面，都是呈現上寬下窄的形狀，這樣的外形有利於水量的集中，要是換作直立的圓柱形或正方形，都會分散水的重量。

而上方則是呈現圓形做出較寬的面積盡量讓顆粒可以均勻分布減少堆疊的狀況產生。

　　讓各位瞭解基本形狀的原理後，接著要來講解內部設計──肋骨與排氣孔。

Kalita 扇形 三孔濾杯

濾杯的產生是為了可以調整排氣與水流的速度，所以這些條件必須在放置濾紙後依然能夠成立，而濾紙在觸碰到水之後，一定會變重並服貼在濾杯壁上，這時如果沒有物體加以將隔開，勢必會阻礙水流的速度。

而杯壁上的肋骨就是為此而設計的，在選擇濾杯時可以用手去觸摸肋骨的深度，如果摸起來感覺很明顯，那就符合基本要求。

接著就是肋骨與肋骨間的間隔，至少要距離一個肋骨的寬度，這樣才可以確保空氣的流動，若間隔小於原有肋骨的寬度，則不建議選用。

最後就是濾杯的內部都要排列有肋骨，有任何一邊缺少的話，就是不合格的濾杯。

而本章節所選用的示範濾杯，是Kalita的三孔扇形濾杯。

扇形濾杯的發明者並不是Kalita，而是一位住在德國名為梅麗塔的夫人所發明的，在輾轉流傳到日本之後，再由Kalita參照原型加以改良，成為現今通行於全世界的一項基本手沖工具。

Kalita 101扇形濾杯目前在咖啡店家或是個人的方面，使用率都非常高，這表示其架構的穩定性很高，而我們會選用它來作為基礎沖煮工具，也是基於此原因。

顆粒粗細與研磨的基本概念

　　生豆在烘焙後細胞會被破壞，組織排列會變得較為鬆散，但細胞壁內卻會充滿因熱解作用而產生的二氧化碳以及可溶性物質，咖啡豆豆體也會隨之膨脹，這時如果將整顆未經研磨的咖啡豆直接丟入熱水中的話，吃水的狀況也僅止於表面的部分，並不會讓所有儲藏於細胞壁內的可溶性物質溶解於水中，如此一來是無法泡出美味咖啡的。而為了提升咖啡顆粒吸水的程度，並使堅硬纖維質的細胞壁張開，將咖啡豆研磨碾碎成粉，讓表面積大幅增加，是最好的方式。

●研磨度

　　在研磨度的方面要建立一個基本觀念，那就是「咖啡顆粒研磨的粗細度，會直接影響萃取時間的長短、萃取率以及濃度的高低」。也就是說要是我們將咖啡豆磨得越細，粉層就會越密實，咖啡粉的整體表面積也會越大，這麼一來，不但咖啡粉和熱水接觸的比例會越高，萃取的阻力也會加大，使得萃取的時間延長、萃取率提高，萃取出來的咖啡口感就會越強烈濃郁；相對的也會容易造成萃取過度的情況。

　　反之，如果咖啡顆粒研磨得越粗，粉層的間隙較大，和熱水接觸的咖啡表面積就會較少，使得萃取阻力減少，萃取時間縮短、萃取率降低，讓咖啡顆粒來不及釋放出可溶性物質，容易形成萃取不足的情況，而讓萃取出來的咖啡口感顯得清淡、薄弱。

　　每種萃取器具都有各自適合的研磨度，所以咖啡顆粒的研磨度可不能隨興之至來做選擇。此外，咖啡顆粒的粗細度，也是用來控制苦澀的技巧之一，所以咖啡粉不論是研磨得過粗或過細，都會造成不正常萃取的狀況，進而影響咖啡整體風味的表現。

　　然而研磨度的基準並不是放諸四海皆通用的，而且研磨刻度也不可以一成不變，必須因著豆子的特性、烘焙度深淺、新鮮度及品質良窳而做微調。雖然研磨度並不能一套標準走天下，但我們還是依照萃取器具的特性，來提供給讀者一些可作為參考的研磨度。

●各式泡煮法的研磨度，由粗而細依序為：
・法國壓（粗研磨）
・電動濾滴壺（中粗研磨）
・手沖壺、虹吸壺（中度研磨）
・摩卡壺（中細研磨）
・濃縮咖啡（細度研磨）
・土耳其咖啡（極細研磨）

　　一般市售磨豆機都會在粗細的調整旋鈕上，以使用的器具作為符號加以標示，所以初學者要在機器上找到可用的粗細度並不會太難。但如果機器上沒有標示的話，則可以用二號砂糖的顆粒大小，來作為手沖咖啡的中度研磨顆粒對照。

●粉量的選擇
　　粉量的選擇一般來說，都和濾杯有著直接的關係，以下提供參考：
・一人份（101）濾杯，使用10～18g的咖啡粉
・四人份（102）濾杯，使用20～35g的咖啡粉
・十人份（103）濾杯，使用40～60g的咖啡粉

　　在剛開始的練習階段時，我們先使用最低粉量10g來操作。

●水與顆粒

在前文中曾提到咖啡萃取主要是在讓咖啡顆粒細胞壁內的可溶性物質釋出，要達到這個目的，首先要讓咖啡顆粒能持續吸入熱水並膨脹，這麼一來，黏附在顆粒細胞壁內部的可溶性物質，就會被吸入的熱水溶解，然後隨著咖啡顆粒的排氣作用被釋出。因此咖啡顆粒要是能持續吸收熱水，那麼可溶性物質自然就會釋出越多，咖啡也會更濃郁。

顆粒在烘焙過後，原本含水的空間會呈現無數的小孔，而可溶性物質就是黏附在其中。

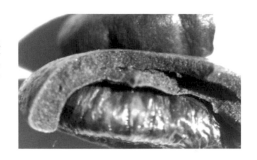

藉由局部放大，我們可以更清楚地看到蜂巢狀的組織。而一般清潔用的海綿側邊的狀態，其結構也相當接近熟豆的切面。

右圖是將蜂巢狀以圖示加以呈現，咖啡色的部分就是可溶性物質，方格之間的白色部分，就是因蒸氣排放到外部所產生的通道。

這些通道的產生也連結了各個內部空間，讓存在於內部的可溶性物質能夠隨著咖啡顆粒吃水的飽和度，慢慢地被釋放到咖啡顆粒的外部。

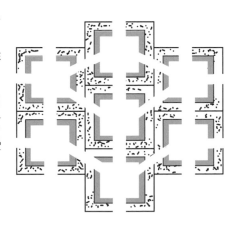

左圖是以透視插畫來呈現咖啡粉位於濾杯中的樣貌，我們以萃取咖啡液為目標，把熱水均勻地澆淋在咖啡表面，位於濾杯的上層、中層及下層的咖啡粉，都以熱水來做萃取的動作。

如果注入濾杯的水流忽大忽小的話，會容易造成吃水不均的狀況，要是再接著持續給水的話，咖啡粉就會有吃水過度或不足的情形發生。而且以這樣的狀態持續做萃取，會讓咖啡充滿不佳的酸味和澀味，也容易帶出雜味。

由此可得知，「如何將水穩定倒入濾杯」是手沖咖啡的一大重點，而要讓水流能穩定注入濾杯中，手沖壺設計的良莠則扮演著非常重要的角色，以下有幾個挑選重點可供讀者參考：

● 底部寬廣的設計

手沖壺寬廣的底部設計，有助於水壓的控制，尤其當水量因沖煮咖啡減少時，寬廣的底部設計所提供的面積，可以有效地穩住水壓。

● 可穩定供水，注水時不會有水柱忽大忽小、甚至間斷的狀況

手沖咖啡是利用水柱的衝力來達到萃取的效果，因此手沖壺一定要能提供穩定不間斷的水柱，讓咖啡顆粒均勻的翻滾，忽大忽小的水柱會影響到萃取的均衡度，忽然間斷的水柱則會讓咖啡粉沉澱到濾杯底部，造成水流滯留而拉長了萃取時間。

● 水柱的壓力要夠大，但不可用灌入大量水流的方式來達成

水壓可以幫助咖啡粉在濾紙裡確實地翻滾，雖然水壓是以水的衝力來加以構成，但是不代表水柱大就可以給予適當的衝力，因為大水柱反而會造成水量瞬間過多，而讓咖啡粉排氣時遭到阻礙。如果要避免過大的水柱影響萃取，可以適時地拉高水柱出水位置，讓水柱變細，以調節咖啡粉翻滾的狀態，避免水量忽然變大狀況。

當我們在製作手沖咖啡時，如果只是一味地將熱水倒到濾杯裡的話，這樣的動作只能說是讓研磨好的咖啡粉浸泡於熱水中，並非真正在沖煮咖啡。

當所有層疊在濾杯裡的咖啡粉，都能用熱水均勻地浸泡（並非只是不斷地重複萃取少部分的咖啡粉），達到萃取釋放的目的時，萃取出的咖啡液，就會達到口感飽滿平衡、香醇甜美，滋味豐富的狀態，而且還能避免咖啡粉因過度浸泡產生酸澀味的狀況。

上圖所繪製的是市面上常見的手沖壺設計外型，壺身的設計都是壺底部較寬，慢慢地縮小延伸到頂端的部分。這樣的設計原理是為了讓壺的重量集中在底部，當咖啡師以繞圈的方式注水於濾杯時，壺內的水不易因繞圈而晃動。

此外，較寬的底部可以將熱水集中於壺底，這樣還具有增加水壓的功能，透過細細的壺嘴，可以讓倒出的水柱具有一定的壓力來沖煮咖啡，而且它還可讓出水量穩定不易間斷。

濾杯的設計概念與對應的手法

　　為了讓濾杯裡的顆粒減少重複吃水的機會，手沖壺所產生的水柱必須要有一定的穿透力。

　　所謂的穿透就是在指水在接觸到粉面時，可以一直往下流竄（圖A），而非溢出表面（圖B）。具有穿透力的水柱可以讓水流一直往下層的咖啡粉給水，隨著繞圈的動作，而讓整體咖啡粉的吃水狀況，達到較高的均衡度。

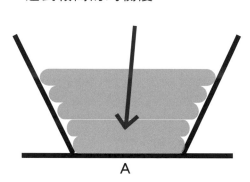

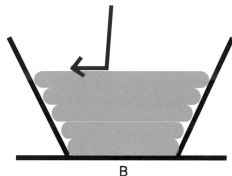

　　水柱的穿透力如果不好，水會重複在同一層給水，就如圖C所示，只會加快第一層顆粒表面過度萃取的速度，而讓咖啡液充滿苦澀味。

　　穿透力好的水柱就可以避免重複吃水的問題，水在進入內部後，會由內往外、向外擴散（圖D），大大降低重複吃水的狀況，同時還能大為提升咖啡粉吃水的均勻度。

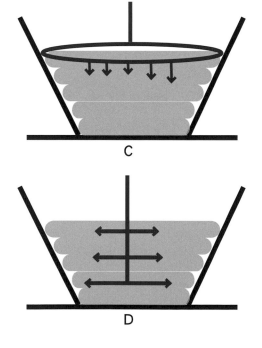

具穿透力的水柱其型態就如右圖所示，是上粗下細的狀態。也就是說壺嘴出水的寬度要寬，而尾段結束的形狀要呈現尖銳狀。

為了要讓水柱的穿透力可以穩定的提供，水柱必須盡量跟壺嘴呈現90度。這樣的角度可以讓手沖壺傾斜時，所有水的重量都集中在壺底，以這樣的重量穩定的將壺裡的水推擠出去。

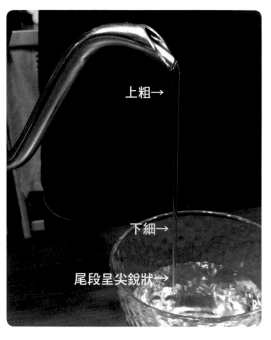

上粗→

下細→

尾段呈尖銳狀→

  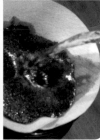

雖然穿透力也可利用大水柱所產生的衝擊力來達成，但是大水柱所帶來的水量，往往會超過咖啡粉所能吸收的程度，而造成不好物質容易釋出的情形。

因此如果水柱是呈拋物線狀注水的話，就只是一股腦兒地將水往濾杯裡而已，並非是正確的沖煮方式，而且水流還會亂竄造成不必要的給水。

沖煮示範

●第一次給水的重點與目的

之前有提過濾杯裡的咖啡分為上、下兩層，而給水的主要目的就是要讓所有咖啡粉都均勻地吃水。因此給水時就要考量到上下層吃水量的差異，而採用分次給水的方式。

第一次給水主要是針對表面可以看到的粉量，讓表面均勻地布滿水。而此次的水量給予適度與否，可以在給完水之後，觀察濾杯底部滴水狀態，只要不是呈現水柱狀都可以接受。左圖是給水前的狀態，右圖是給完水後表面呈現膨脹的狀態。

咖啡粉在吸水後會排出二氧化碳，而在持續排氣的情況下，咖啡粉之間會因為氣體而產生互相推擠的作用，這就是咖啡粉之所以會膨脹的原因；也是一般所謂「蒸」的動作。

產生膨脹後的咖啡粉顆粒與顆粒間，會產生一些隙縫，而這些隙縫就成為了第二次給水的通道，這樣一來也可以避免水在第一次給水的粉層上停留太久，進而直接往底部未吃水的顆粒給水。這樣的作法可以讓所有的咖啡粉都吃到水，卻又不會因重複吃水，而形成過度萃取、產生不好味道的情形。

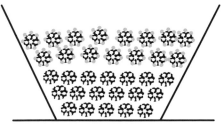

所謂的「蒸」就是指咖啡粉顆粒排氣的現象，並不是指蒸煮咖啡粉顆粒。

咖啡生豆在烘焙過程中，因脫水而使得內部空間被壓縮，因此當它們再次接觸到熱水時，就會產生二氧化碳從顆粒內部被排放出來的情形。

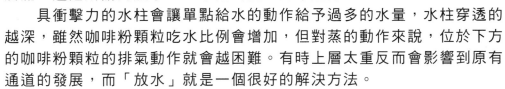

顆粒排氣效應越好，就可以將顆粒之間的距離拉得越開。藉由這些通道，水就比較容易往下層流，這是所謂的放水，並不是所提及的穿透力。

具衝擊力的水柱會讓單點給水的動作給予過多的水量，水柱穿透的越深，雖然咖啡粉顆粒吃水比例會增加，但對蒸的動作來說，位於下方的咖啡粉顆粒的排氣動作就會越困難。有時上層太重反而會影響到原有通道的發展，而「放水」就是一個很好的解決方法。

所謂的「放水」，就是利用面積的概念將水放在粉層上方，因此這個動作所針對的是面積而非深度。放水的小水量不但能讓咖啡粉顆粒吸水變多，還能讓排氣效應因而更好。

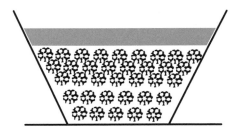

具穿透力的水柱是以體積（粉層深度）為前提來進行萃取作用，因此給水時的水量，將會是多而急促。

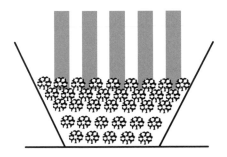

放水的執行重點是水量少而輕，而進行時只要將手沖壺的壺嘴盡量接近表面粉層即可。

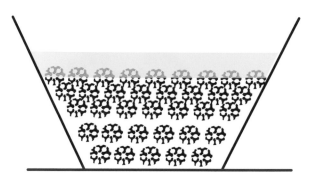

給水時從中心點開始，以同心圓的方式往外繞出，需注意的重點是繞圈的速度不可以太慢。要讓水可以用片狀的形式鋪在粉層表面。而繞圈速度稍快，就可以減少水在每個點沉積的量，達到將水鋪上的目的。

放水做得好不好可以從膨脹過程中檢查。

鋪水的概念是將水以片狀的型態鋪在粉層上，水應該盡量停留在表面而不是往內層流入，因此咖啡粉顆粒的推擠效應，也會因為吃水少而讓膨脹幅度降低，水消退的時間也會相對較短。

所以當我們在第一次給水後，如果粉層膨脹過於劇烈，甚至表面有破洞產生的話，那就表示水給得過多，已經破壞鋪水的原則。

膨脹的狀態會因為顆粒排氣的長短而有不同，膨脹的越久所產生的隙縫就會越大，所以第二次給水的時間點，就是在膨脹近乎停止的時候加水。

　　第二次加水要將重點放在濾杯的底層。

　　首先要讓水布滿整個底層，完成這個動作後，也代表讓第一次未吃到水的下層咖啡粉顆粒都全部吃到水。

　　我們可以由右圖看到，當水給到底層時，咖啡粉顆粒會因吃水而開始排氣而膨脹。當底部持續膨脹，表層就會隨之產生隆起的狀態。而下圖則顯示出，第一次給水和第二給水時的咖啡粉膨脹狀態差異。

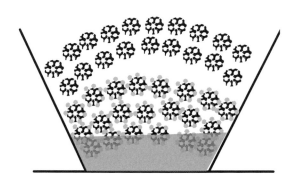

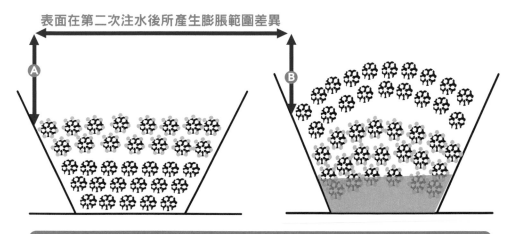

> 左圖是第一次給完水後，膨脹的狀態。
> 右圖是第二次加水時，表面膨脹的狀態。

　　我們還可以由上圖看出，第二次停止加水的時間點，就是在顆粒隆起到B的位置（靠近濾紙）時即可停止。

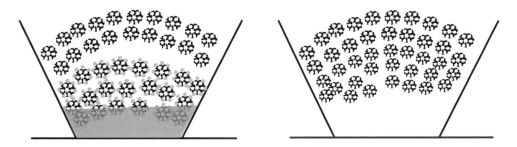

● 水位下降的意義

　　　　在第二次給完水之後，再次加水的時間點則要依據下降的狀態來作判斷。

當給水到達底部後，底部的顆粒也會開始膨脹，而隨著底部的水都流光後，整個粉層也會隨之下降。

當一開始咖啡粉顆粒吃水不多時，因為咖啡粉顆粒較輕，所以大部分的咖啡粉都會浮在水面上，隨著水位的下降，表面就會像一個缽狀，或是一個開口較大的U字形。

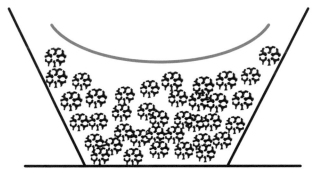

在正面看來就像是英文字V的形狀。

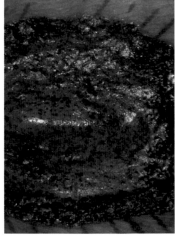
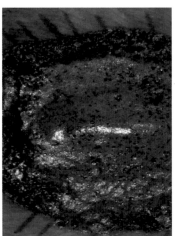

水位下降的速度代表著咖啡粉顆粒吃水程度的多寡。濾杯裡的咖啡粉因為一開始的重量比水輕，所以咖啡粉顆粒下沉的速度會比水流慢，而當咖啡粉吃的水越多、重量變重時，咖啡粉顆粒就會很快到達濾杯底部而產生阻塞，而使得水位下降呈現遲緩甚至停滯的狀況。

當水位下降速度偏快的時候，就不需要加水。因為當水流下降快過顆粒時，就代表水流正在沖刷咖啡粉顆粒，讓咖啡粉顆粒不是在靜止的狀態。

當水位下降速度遲緩時，就意味著咖啡粉顆粒開始沉積在底部造成堵塞，而讓水位下降變慢。

當水位停止下降時，就表示底部已經完全堵塞，而咖啡粉顆粒也等於是泡在水裡，一旦這樣的狀況持續太久的話，苦澀味就會隨之產生。

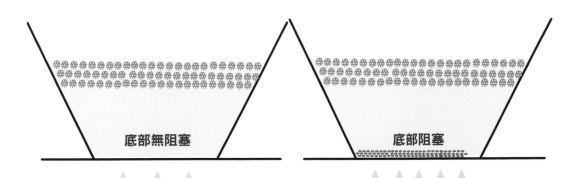

底部無阻塞　　　　　　　　　　底部阻塞

●水位遲緩或水位不再下降時，就是開始再加水的時間點

　　水位之所以下降變緩或靜
止，是因為底部受到堵塞，所以
再次加水的主要目的，就是要讓
底部沉積的咖啡粉顆粒可以被沖
開，往水面上跑。如右圖所示，
沉積的咖啡粉顆粒讓水位下降變
慢，咖啡粉就會開始泡在水裡。

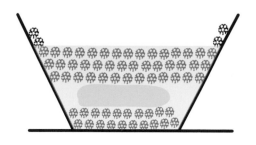

　　前文曾提及的水柱須具穿透
力，其目的就是為了沖開沉積的
咖啡粉。當水柱到達底部後，會
因為扇形濾杯的形狀而往外擴至
邊緣，藉由這樣的力道，將所有
底部沉積的顆粒往上推擠。

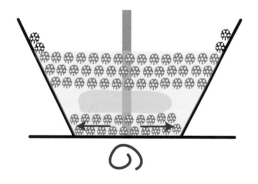

　　給水的位置則是以中心為起
點，如此一來，穿透水面到底部
的水柱，才可以均勻將沉積在底
部的顆粒沖開，而移動水柱的方
式可以參考日文「の」的字形，
由內往外旋繞。隨著往外旋繞的
動作，水位會慢慢上升，而在水
位到達原本高度時，就是停止給
水的時間點。

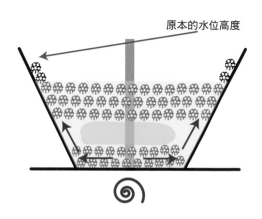

原本的水位高度

●沖煮──水位增高的時間點

　　濾杯裡的水位就是反應出咖啡粉顆粒吃水程度的指標。前文曾提到，因為剛開始沖煮時咖啡粉顆粒的重量會比水輕，所以水位下降的速度會因底部暢通的關係而越來越快。反之，當咖啡粉顆粒吃水變重時，其下降的速度就會比水快，此時為了讓水流速度增快，當我們再次加水時，就要將水位加高。

　　不過並不是每次加水都要加高水位，持續加高的水位雖然可以讓流速加速，但是不要忽略這時候顆粒還是需要吸水，如果持續快速的流速，只會不斷沖刷咖啡粉顆粒表面，而無法讓水持續進入咖啡粉顆粒內部。這時候加高水位的時間點，就取決於水位下降的幅度。

我們將第二次加完水之後的水位當成最高水位，然後約略目測出最高水位的一半。

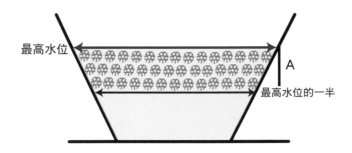

　　咖啡粉顆粒在還沒飽和時，會因為沒有水的重量而下降緩慢，所以我們可以看到水位下降的速度會一直加快。這樣的速度甚至會一直持續到濾乾，這也表示目前最高水位的重量，遠大於咖啡粉顆粒，因此不用擔心阻塞的問題。等再次加水時，只要再加回最高水位即可。

　　在持續這樣的方式約4個回合後，我們會發現水位下降的速度會在「Ａ」的區域時就開始變得緩和，這是因為顆粒已經變重開始沉積在底部所造成的。接著水位如果停在一半以上的位置，就代表目前濾杯的水量已經不夠，在完全靜止前除了要開始加水外，原本最高水位的位置也需要提升，以得到用更大水量來讓水流速度變快的效果。接著，我們只要持續同樣的動作一直到預估萃取量即可。

到目前為止相信各位已經對濾紙和濾杯有相當程度的瞭解了，那麼接下來就要開始來解析沖煮的手法。不過，在沖煮之前我們還要瞭解該準備哪些工具才行。

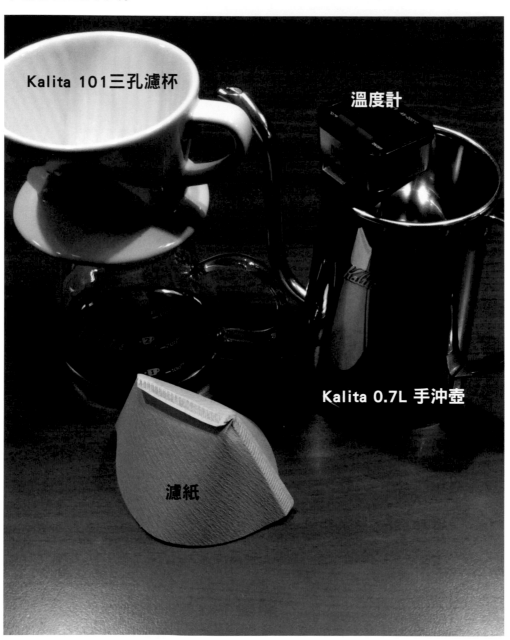

Kalita 101三孔濾杯

溫度計

Kalita 0.7L 手沖壺

濾紙

●濾紙

　　濾杯所使用的濾紙是以早
期的法蘭絨做為設計的概念，
因此濾紙也有布面與絨面的分
別，而檢驗的方式可以用手觸
摸濾紙內外，我們會發現濾紙
有粗面與細面的區別。而細的
那一面是代表布面，粗的那一
面就是絨面。

　　這個階段我們所使用的濾
紙，必須選擇細面在內的。

●濾紙的摺法

●沖煮準備工作

將濾紙摺好之
後，攤平、貼
附在濾杯內。

將咖啡粉顆粒
均勻地放置到
濾紙裡。

然後再用手將
濾紙內的咖啡
粉顆粒均勻拍
平。

Kalita 0.7L細口手沖壺是現今較被普遍使用的手沖壺，它的壺嘴設計，可以讓初學者在一開始做手沖咖啡時，獲得穩定的給水，並且容易控制水柱大小。

咖啡壺的款式並無特殊的要求，重點是壺身要有清楚的容量標示，讓我們可以清楚地看到萃取量的多寡。

電子秤是為了容易測量重量，數位式的顯示則能更精準地拿捏分量。除了電子秤之外，咖啡匙也是不錯的選擇，現今市面上的咖啡匙，大約都是以10g為基本容量，只要將測量模式加以固定，那麼當我們在量取咖啡豆（粉）時，就能更為快速、精確。

當我們剛開始練習時，請選用中粗顆粒的咖啡粉（顆粒粗細約與二號砂糖的顆粒大小相當）。

萃取量的濃度，在剛開始練習的階段時，我們先以1:20的萃取比例為基準，也就每是10g的咖啡粉要萃取出200cc的咖啡液。之所以會選擇這個比例是因為要檢視給水過程的好壞，要是萃取比例太低，就會導致濃度過高，這樣我們就會很難分辨問題是出在給水方面或給水手法上。

我們將第一次給水稱為「蒸」，其主要目的是為了要讓表層顆粒吃水後排氣產生通道，因此要使用前述放水的方式，將壺嘴接近粉層表面，用同心圓的方式以稍快的速度往外旋繞。

　　給水的範圍原則上是以整個表面，但為了不讓水從濾紙邊邊流走，水在靠近濾紙邊時就要停止。

　　下圖的沖煮給水範圍是在接近濾紙時就停止給水，我們可以觀察到在停止給水後，水還是會持續蔓延到最外圍。

　　因此水如果給到濾紙才停止的話，就會造成過量給水的狀況。

如果在蒸的過程中給水量太多的話，會影響顆粒排氣的效果，所以切記別過量給水。而我們該如何判斷給水是否適切呢？只要觀察下壺的狀況，如果是呈現滴水的狀態，那就不會有問題。

相對的，要是給水的量太多的話，下壺的水流就會呈現水柱狀，而咖啡粉面也會呈現下陷的狀態，請務必小心避免這樣的狀況發生。

前文提過在顆粒排氣到最高點的時候，要進行第二次給水，而除了可以觀察外觀膨脹的狀態外，表面的水量會慢慢變乾，也是一個依據。

當第二次注水時。要讓水注入粉層底部，為了讓水柱的穿透力可以集中，繞圈移動的範圍要小，不可以超過一圓硬幣的大小。而在水注入到表層的咖啡粉顆粒觸碰到濾紙時，就可以停止給水。

停止加水後，隨著底部水量漏乾，表層會開始呈現凹陷的狀態。凹陷範圍越大，就代表第二次給水時，底部咖啡粉顆粒吃水的均勻度越高。

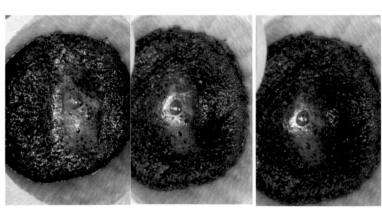

等下降的速度變慢或停止時，就可以開始進行第三次給水。給水的方式和第二次相同，而停水的時間點，則是在水位上升在最高水位時即可停止。所謂的最高水位，就是下圖標紅線的位置，也是第二次加完水之後的水位高度。

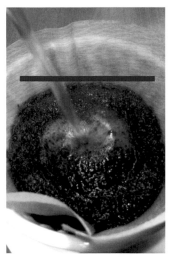

　　隨著加水次數的增加，原本濾紙邊較厚的粉層會因為吃水變重，而隨著水位下降滑落並變薄。這時水位下降的速度會偏快，而且會持續下降到水位的一半以下。

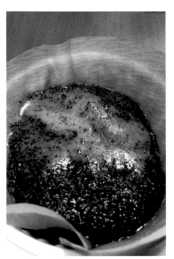

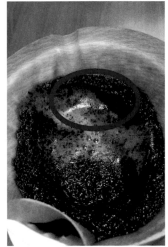

●咖啡粉顆粒的吸水、飽和、釋放與萃取

咖啡粉顆粒的吸水並非只是單純將顆粒泡在水裡就可以，而是要讓咖啡粉內部一個個類似蜂巢狀的空間可以吸水，進而溶解出可溶性物質，如果只是單純將咖啡粉泡在水裡，就會讓咖啡粉顆粒木質部的雜味一併釋出，導致咖啡液變苦澀的情況。所以最好的狀態應該要如右圖所示，水都進入到蜂巢狀的空間。

雖然理論上是要做到像這樣的狀態才行，但在實際面上卻有困難，所以我們就要朝向如何讓顆粒的木質部接觸水的時間變短，以避免木質部吃水太久而釋出不好的味道。

所謂的「滾石不生苔」，是指滾動的石頭上很難會生長出青苔，而這句話剛好可以拿來解釋以下的咖啡萃取狀況。

如果咖啡粉顆粒在持續滾動的狀態下，水停滯在咖啡粉木質部的時間就會縮短，進而減少咖啡粉雜質的釋出。

我們讓咖啡粉顆粒滾動的方式，就是利用具穿透力的水柱到達底部，讓沉積的顆粒全部翻起，在到達最高水位前，咖啡粉顆粒會因這具穿透力的水柱而一直翻滾。

談完如何不讓木質部吃水太久之後，接下來，就要開始講解咖啡粉顆粒的吸水與釋放。

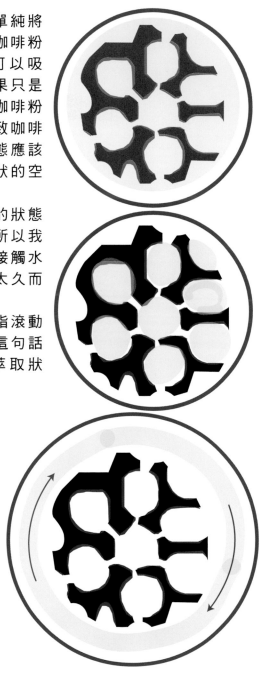

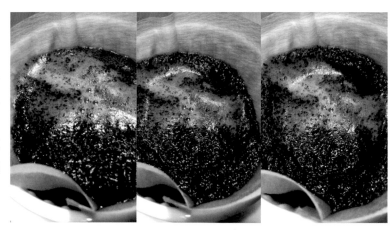

反覆進行前述的給水與停水動作後，我們會發現濾紙邊的粉層越來越薄，而濾紙邊沾上多量的綿密泡泡時，咖啡粉顆粒的重量就會開始比水重，而水位下降速度也會變慢。

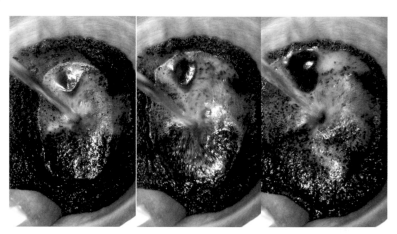

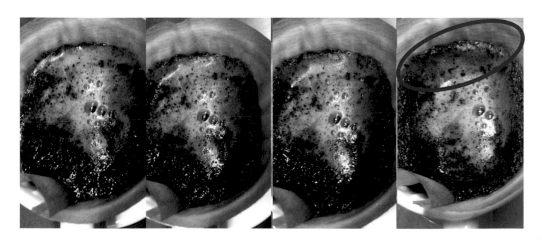

滾動的顆粒會因為停止加水而開始靜止，此時就要靠下降的水位所造成的流速，來讓顆粒與水產生磨擦。

這時水的重量因為比咖啡粉顆粒重，所以下降的速度也比顆粒還快，因此會產生顆粒和水之間擦身而過的狀態。

這裡所謂的擦身而過，其實就等同於滾動，不過這時的咖啡粉顆粒卻是屬於靜止狀態，這麼一來流經咖啡粉顆粒表面的水流，將會慢慢流入咖啡粉顆粒的內部，然後將可溶性物質一點一點地帶出來，也就是所謂釋出的狀態。

這也說明了當水位下降過程中，要是速度沒有減緩的話就不需要加水，因為一旦加水後，咖啡粉顆粒就會開始滾動，導致釋出的狀態隨之停止。

因此隨著水位的下降，釋放出來的可溶性物質就會開始和水結合，進而達到咖啡液萃取的目的。

這時我們要將給水的水位加高，讓濾杯內水的重量大於咖啡粉顆粒，以維持水下降的速度，減少咖啡粉顆粒靜止在水裡的時間。

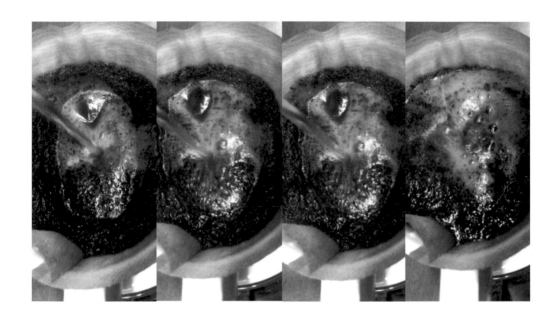

　　當我們在前幾次停止加水時，發現水位會馬上下降，但是在加水4至5次之後，則會發現水位非但不會馬上下降甚至會靜止一陣子，這就代表顆粒吃水已趨近飽和，所以加水一旦停止，咖啡粉顆粒就往下沉造成堵塞，所以此時要特別留意加水的節奏，不要停滯太久，然後當萃取量達到200cc後，就要將濾杯從上方移開。

　　當萃取的咖啡液接近設定的分量時，要記得不要等濾杯裡殘留的水量滴落，來達成預定的分量，因為當萃取結束前，咖啡粉顆粒會因為吸水飽和度高而變重，這時的加水頻率隨之提高的原因，是為了不讓咖啡粉顆粒沉積在底部太久。如果因為咖啡液接近萃取設定量，就停止加水動作，而讓剩餘的水流到下壺裡，來達到設定分量的話，就等於是讓咖啡粉顆粒一直泡在水裡，這麼一來，就會導致尾段的咖啡萃取液產生澀味和雜味。

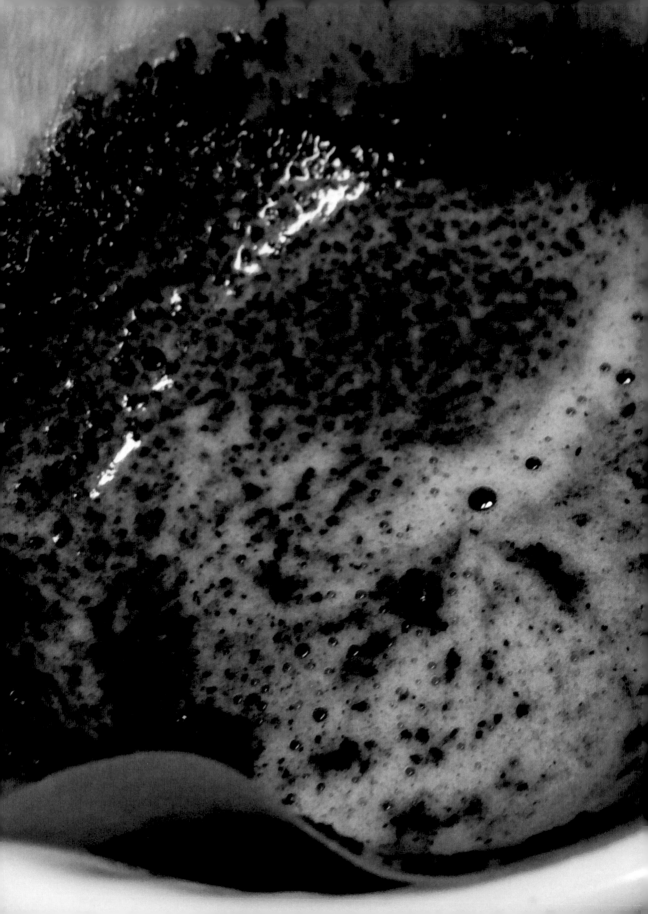

Chapter 4
手沖進階沖煮──Kono 與Hario V60錐形濾杯

濃度與圓錐濾杯的關係

　　水位下降的速度會影響到咖啡粉顆粒浸泡在水裡的時間，所以扇形濾杯是採用加大排氣效率的方式（肋骨的深度）來改善此因素。還有一種做法是，改變濾杯的外形以增加水流的集中度，而圓錐型的濾杯就是這樣產生的。圓錐形濾杯的另一優點是粉量會較為集中，在初期給水過程中，咖啡粉顆粒比較容易均勻吃水。

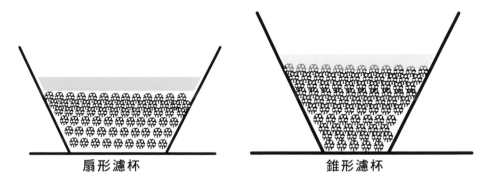

扇形濾杯　　　　　　　　　　　錐形濾杯

　　將粉量集中後，在同樣的給水量下，粉層就可以吃到更多的熱水。一旦粉層吃水變多，就表示咖啡液濃度會提升。因此錐形濾杯的第二個設計目的，就是為了要提升濃度的擷取。

　　不過，將粉量集中後，則會造成上下粉層吃水的差異變大，所以我們要將原本扇形濾杯的給水手法，進行一些必要的修正。錐形濾杯因為粉層太深而造成顆粒容易泡在水裡，所以運用小水柱的方法沖煮，會變得不帶任何衝擊力，進而無法避免咖啡粉顆粒泡水的結果。

　　要是使用水柱的方式行不通的話，那就用水滴來試試看吧，在前述的文章中曾提及，對於咖啡粉顆粒而言，水滴是最好吸收的水量，分量可謂是恰到好處。

　　因此針對粉層深的錐形濾杯，水滴沖煮則會是一個絕佳的給水方式。

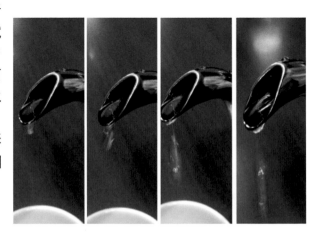

當水持續的滴在顆粒粉層上時，不會一下子就擴散，而且還會因水滴的水量小，而更容易讓咖啡粉顆粒吸水。而且小範圍的排氣所推擠出的空間，會讓水呈現Ｖ字型慢慢向濾杯底層擴散。這樣一來，不但可以讓咖啡粉顆粒吃水完整，還可以避免咖啡粉顆粒泡在水裡過久。

　　我們可藉由下圖觀察水滴持續加入時，咖啡粉顆粒與水結合的狀態。

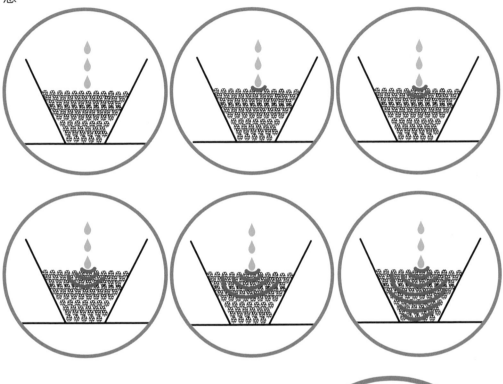

　　等所有咖啡粉顆粒都吃水飽和，濾杯內的整體水量就會往下擠壓，這時就會產生一條萃取水柱。

　　一旦出現這樣的狀況，就表示要開始加大水柱，讓所有咖啡粉顆粒開始翻滾，避免咖啡粉顆粒靜止過久。此外，水量的急速增加也會讓下降速度變快，讓可溶性物質迅速被帶出。

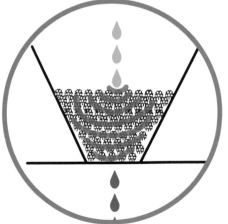

KONO的虹吸設計

　　雖然在講述完圓錐型濾杯的基本沖煮架構後，我們可明確瞭解該濾杯的優點，但其實該濾杯還是有需要補強的部分，因此接著將以另一款經典濾杯——河野式錐形濾杯（KONO），來補充說明。

　　此款濾杯的原創者是一位名為河野敏夫的日本人，而這個濾杯就是以他的名字命名的。

　　錐形濾杯雖然可以將粉量加以集中，達到下降速度變快的功能，但是水位下降快並不是剛開始進行沖煮時的訴求，所以在顆粒吸水飽和之前，會希望由手沖壺滴落的水滴能停留在粉層裡越久越好。

　　而這樣的需求可以用降低排氣量的方式來進行，簡單的說就是將濾紙吸水後，貼在濾杯壁上減少空氣流動的空間，而KONO底部整齊排列的肋骨，就是在之後的萃取時可以產生虹吸效應的重要關鍵。

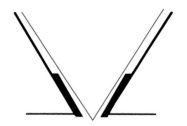 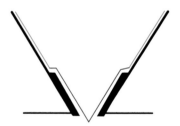

　　肋骨的結構在濾杯中，具有幫助排氣的功能，當然在圓錐形濾杯裡也不例外，但我們可以發現KONO的肋骨，並非從底部一直延伸至最上端，而是在濾杯深度不到一半的位置停住。

　　這個高度的設計，是為了確保在滴水過程中，濾紙在吃水後可以緊貼在濾杯壁上，一旦排氣空間受到水的限制後，空氣流動也會受限，這麼一來就會增加咖啡粉顆粒吸水的時間。

早期的河野式濾杯因為肋骨過長的關係，等到濾紙可以黏貼在濾杯壁時，水早就已經開始往下流。這樣不但會造成外圍的咖啡粉顆粒吃水飽和度變差，對於接下來的大水柱也會造成只是一直在沖刷表面的狀況，在這樣的重複沖刷下，只會讓咖啡粉釋出澀味。因此在察覺到此缺失後，河野先生就將肋骨設計縮短，改良成現今的設計。而肋骨的高度是接下來大水柱給水的判斷重點。

　　在滴水過程中，表面的咖啡粉顆粒粉層會慢慢隆起，這和之前的咖啡粉排氣、推擠是相同道理，當膨脹的越高時，會發現周圍咖啡粉顆粒吃水的比例也會越多，在咖啡粉顆粒吃飽時，水量會從底部慢慢累積，等到水量累積到可以將空氣擠壓時，小小的萃取水柱就會在底部產生。

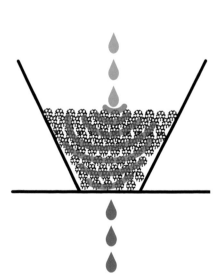

虹吸效應所產生的氣壓式萃取

當底部產生小水柱時，就代表底部水量已經累積到一定的量，為了不讓顆粒泡水時間太久，這時要讓所謂的虹吸效應完全產生，所以要用放水的方式，將水位升到右圖紅色標記的位置。

這時候的水量水位，要讓濾紙可以貼合在濾杯壁上，這麼一來就可以阻止空氣往上流通，產生一個密閉的空間。

當向上的通道被水堵住後，水就只可以流向濾紙與肋骨的方向（因為這是唯一的排氣口），在此同時，內部的水量會持續推擠，到最後就會產生一

個強而有力的抽取水柱，並持續抽取到內部水量流光為止。此抽取水柱產生的條件，就是以虹吸作用為架構，等到抽取水柱結束時，才可再次加水，這樣才不會破壞已產生的氣壓，影響抽取的力道。

內部的水會流向濾紙與肋骨接觸之處，最後再集中在底部流出。

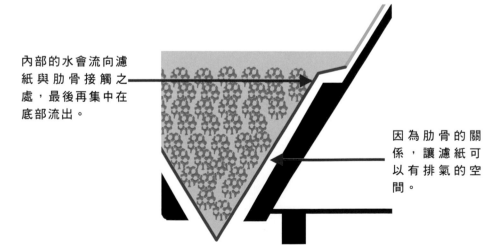

因為肋骨的關係，讓濾紙可以有排氣的空間。

抽取水柱所代表的是水量被推擠出來而非流出。右圖是使用KONO時的正確萃取水柱，從水柱的形狀來看，要呈現出由上而下漸漸變細的水柱，才代表咖啡液是因虹吸作用被擠壓出來的。

圓錐型濾杯是以水滴的方式給水，就和琥珀咖啡的手法相同，其差別只在於它不像琥珀咖啡的手法那般嚴謹，只要是水滴即可，因此就算是間歇性給水也是可以接受的。

　　以水滴為設計概念的手沖壺方面，則有專為ＫＯＮＯ而設計的ＹＵＫＩＷＡ手沖壺，此品牌在日本相當普遍，最早使用此款手沖壺的就是巴哈咖啡館的田口護先生。而ＹＵＫＩＷＡ為ＫＯＮＯ濾杯所設計的手沖壺，是將其原型的手沖壺壺嘴壓合呈尖嘴狀，然後再將原有水孔擋板拿掉。

　　拿掉擋板的用意是要減少水流動的阻力，這麼一來就可以在調整給水角度時，比較不需後續的微調，以單一角度就能讓壺嘴的水滴持續地產出。

　　而另一個版本的手沖壺，就是將壺嘴壓扁成寬口狀的製品。

這兩種手沖壺最大的功能，就是能產生水珠狀的水滴。

水珠

一開始我們不免會心生懷疑，認為水滴和水珠應該是一樣的的吧！為什麼要特別用水珠這個名稱來作為這個手沖壺的設計重點呢？如右圖所示，水珠和水滴的界定，就在於水流出手沖壺嘴的瞬間，水滴以其外形來說是帶著衝力的，而水珠則是一個均勻的個體，此兩者間的差別就在於沖水和放水的差異。

水滴

前文中曾提及放水是以「面積」的型態來給水，因此是比較針對表面的咖啡粉顆粒，使水一層一層地往下流，而沖水則是以「體積」為考量，主要是針對深度讓水可以往粉層的深處流動，此概念在圓錐的滴水手法也是相同的。

水滴的重量比較集中在底部，所以大多是用來做沖水的動作。而水珠則是較為均勻的圓球，所以主要是為了讓水落在咖啡粉顆粒的粉層時，可以往外擴散。

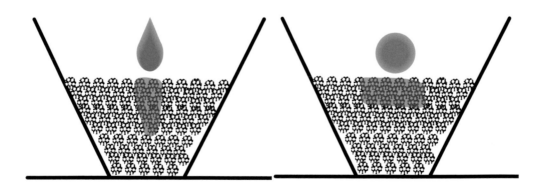

使用圓錐形濾杯時，第一階段的給水要用滴水的方式，來讓所有的咖啡粉顆粒都能均勻地吃水。而水珠的均勻度相當好，可以在濃度方面獲得相當好的萃取。

　　不過，如果將水滴控制好的話，還是可以具有相同的效果。因此前面所使用的KALITA 0.7L 的細口手沖壺，也是相當不錯的選擇。

　　而琥珀咖啡的大嘴鳥手沖壺，也是一個不錯的選擇。雖然它所產生的水珠不像KONO專用的手沖壺那樣完整，但是在售價和控制考量上，卻是一個CP值相當高的選擇。

　　如果覺得琥珀的大嘴鳥體型太大，KALITA也有出一款小號的大嘴鳥，各位可以參考看看。

沖煮示範

●KONO沖煮示範準備

KONO的手沖壺是種一體的設計，所謂的一體就是連下壺（咖啡壺）的部分，也被計算在KONO沖煮架構內。

前文曾有提到KONO是運用虹吸效應所產生的抽力，來將可溶性物質大量的抽出，所以我們可以會發現KONO的下壺（咖啡壺）形狀，與一般方形或三角形的下壺形狀不同，反而是比較類似虹吸壺般的圓形。

下壺採圓弧形的設計，可有助於萃取的小水柱往下壺落下時，順利地將下壺的空氣推擠出來，而被推擠出的空氣就會接連加速水柱的流速，水柱流速加快也就意味抽取的力道會隨之變大。

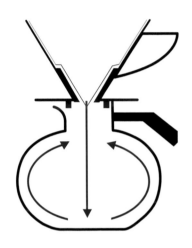

將下壺壺口的差距與濾杯細縫降低，可有助於空氣的導流性，並讓萃取水柱形成時，不容易分散下抽的力道。

另一個較為特殊的設計重點，就是濾杯底座上有一個環狀突起物，雖然這個部分在每種濾杯都有，但KONO在這部分則做得特別深。這個遠高於出水口的環狀物設計，主要是為了集中底部的排氣，如果將濾杯和下壺結合後，我們會發現這個環狀物會深深地吃進下壺的部分。

如果不想使用KONO專用的下壺，也可以自行挑選一個開口跟濾杯底部較密合的量杯，這麼一來也能得到一樣的效果。

●顆粒粗細

使用KONO濾杯時，咖啡粉的顆粒粗細，可以選用和先前提及的二號砂糖粗細相同，萃取比例則是選擇1：15的比例。

KONO所附屬的咖啡壺並沒有數字的標示，原則上只有一個杯子的記號標記在壺身的外圍，而這個標示的最上方與最下方，剛好分別是250cc和300cc，雖然少了數字的標示，但以這樣的標示作替代，也相當方便。

使用KONO濾杯時，則有最低粉量的要求，此需求主要是為了因應肋骨的虹吸效應，因此粉量至少要高過肋骨的上緣。只要符合這項要求，當底部在吃水後，濾紙所產生的密合就不會因咖啡粉顆粒和肋骨間的隙縫，而影響到虹吸效應。

所以我們會希望粉量要以15g為基準，這麼一來在初期練習時，也會比較容易進行。

●KONO沖煮示範

　　當咖啡粉顆粒置中整平後，將手沖壺的壺嘴置於粉面中心上方，然後開始調整手沖壺角度，讓壺嘴往下傾斜。

　　當手沖壺在給予水滴時，要用手腕來控制手沖壺的角度。一開始先平穩握住，接著將手臂固定，只單純地調整手腕的角度，讓壺嘴持續往下。

　　如右圖所示，壺嘴傾斜到一定程度後，壺裡的水會被一點一點的推擠出來，這麼一來水滴就形成了。

　　水滴式給水手法的重點在於增強顆粒吸水的能力，穩定性和持續性並不會直接影響到沖煮咖啡的品質。在接下來沖煮示範中的第一個階段——讓表面持續不斷的膨脹，才是真正的重點。

圓錐濾紙的布面與絨面配置，剛好和扇形濾杯的濾紙使用方式相反。圓錐型濾紙的絨面（粗面）要向內，原因就在於錐形濾杯已經將水做集中的動作，所以將粗面的濾紙向內，可以加速一開始吸水速度，細面（布面）還可以抑制水向外部滲出，讓水能夠停留在顆粒內部，而非順著肋骨快速流出。

●圓錐的萃取分為三階段的水柱 （基本概念和琥珀的手法類似）

起始階段的水滴→讓顆粒飽和
第二階段的放水→讓濃度釋放
最終的大水→調整濃度與萃取率

　　起始階段的水滴是為了讓顆粒快速吸水飽和。當我們將咖啡粉置於濾杯內整平後，再將手沖壺的壺嘴置於粉面的上方。而壺嘴與粉面的高度盡量不要低於一個拳頭的高度，這樣水滴落在粉面上時，才不會高度落差太低，而讓水平攤在粉面上。

　　然後在持續滴水的過程中，表面的咖啡粉顆粒會逐漸膨脹，這同樣是因為顆粒排氣互相推擠所造成的效應，此膨脹的面積會因為給水量的增加而慢慢擴大。膨脹的幅度越大，代表整體咖啡粉顆粒的吃水面積也越多。

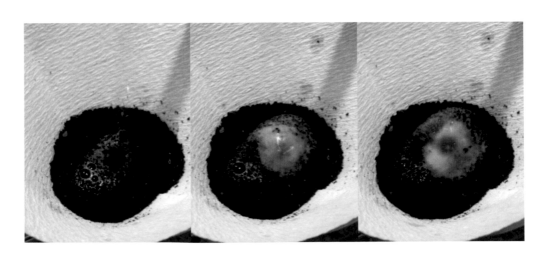

隨著持續的給水，膨脹的狀況也會持續變大，一直擴張到接近濾紙邊緣時，我們會發現濾紙會慢慢有水往上延伸，而此狀態是代表底部已經有水量累積。這時要觀察一下底部是否已經有萃取水柱產生，如果有的話，就表示底部累積的水量已經足夠、咖啡粉顆粒已經吸水飽和。

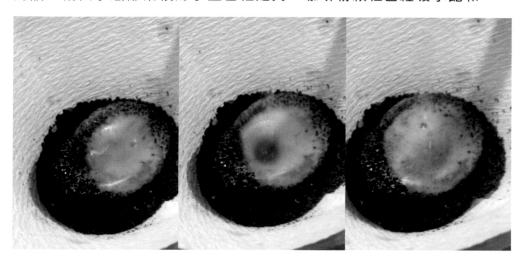

接著開始第二階段的給水，此時的滴水動作是為了讓濾杯內的咖啡粉顆粒可以快速吸飽水，而當水觸碰到濾紙時，濾紙的毛細現象會一直將水往上緣吸附，緊接著上方的濾紙在吃水後，就會因重量加重而服貼在濾杯壁上，請注意右圖濾紙邊紅色與藍色的差異。

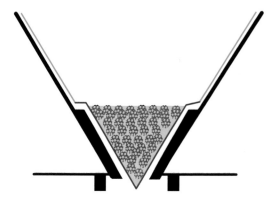

等到濾紙貼住上方，排氣就會受到限制，而空氣只好被迫往下從肋骨產生的空間排出。

在空氣往下排出的過程中，對於濾杯裡的水就會產生虹吸效應，被抽往外部形成一個小水柱。

當小水柱產生之後，就要讓抽取的動作持續。以確保可溶性物質能一直被帶出。這時只要將水位加高，也就是第二段水柱給水，就可以讓可溶性物質持續釋出。

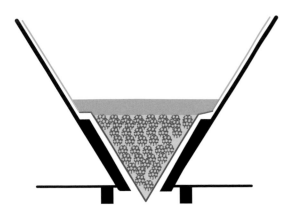

增加的水量不用太多，只需回歸正常放水的手法，讓水位達到上升的狀態即可；此時的重點是讓增高的水位達到最高水位。

這樣的水位差距再加上虹吸效應，就足以讓水位下降加快，而加水的時間點，都會落在水濾乾後再加水。

隨著加水次數增加，表面的泡沫顏色也會從深褐色轉成乳白色，綿密的泡泡也會慢慢消失。

此現象代表顆粒的可溶性物質差不多都釋出完畢了。

當咖啡粉顆粒的可溶性物質完全釋出後，就會呈現如下圖所示，乳白色泡沫會占滿表面的絕大部分，同時水位下降的幅度也會減緩許多。

　　再來就是第三段水柱給水，這時要將所有咖啡粉顆粒用大水柱從底部全部沖起來，利用水大量加快下降的速度，此動作除了將剩餘的物質沖出外，也可以調節濃度。

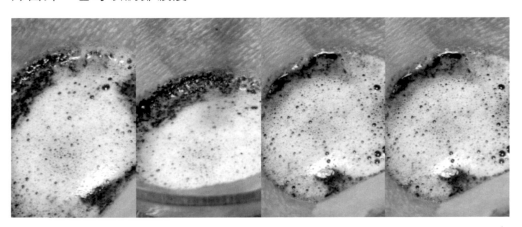

　　第三段水柱所給予的水量，主要是為了讓下降的速度加快，以減少顆粒靜止在水裡的時間。而水柱增加的幅度可以控制在一個大拇指的寬度即可。

　　原則在進行第三段水柱給水時，水位別一直加到最高處，因為過高的水位會讓咖啡粉顆

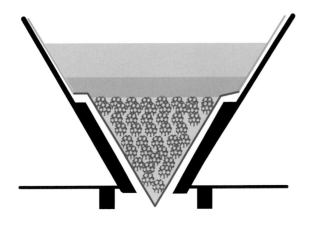

粒浸泡在水裡，導致釋放出不好物質的缺點，因此在練習過程中，以控制在一個大拇指的水柱幅度為佳。

　　進行第三段水柱時，還要注意的是要以能沖開底部的大水量進行，緩和的給水只是把水壓在咖啡粉顆粒上，這樣不但不能增加流速，反而會讓咖啡粉顆粒堆積在底部，造成最後咖啡風味不佳的後果。

當開始進行第三段水柱給水後，在萃取量還沒到達前，我們還是要依據水位下降速度，重複進行加水的動作，直到達成預定萃取量為止。

　　KONO濾杯之所以不建議以1:20的萃取比例來操作，是因為一開始的水滴已經讓咖啡粉顆粒飽和了，如果拉高萃取比例，只會讓咖啡粉顆粒過度浸泡在水裡，造成萃取出不好味道的情形，所以使用KONO濾杯時的萃取比例，還是維持在1:18之內為最佳。

Hario V60的壓榨式萃取

　　另一個經典圓錐濾杯就是Hario V60。

　　先撇開它得獎無數的外形不說，Hario V60的設計也是以水位下降速度的快慢為設計重點，來讓咖啡粉顆粒達到完美的萃取。

　　它的外型原則上和一般圓錐型濾杯無異，內部肋骨則採取有弧度的肋骨結構設計。從正面俯瞰就像是一個漩渦一般，由這樣的型態可以聯想到，它是以螺旋狀肋骨做為水流加速的輔助。此外，從底部延伸到最頂端的肋骨，也說明這個濾杯的排氣效果會很流暢。

　　其實螺旋肋骨的確是可以加快流速，但這樣彎曲的肋骨，卻還有著另一項巧思，那就是可以增加水流的路徑。如果是直線的設計水在觸碰到肋骨後就會快速下滑，造成咖啡粉顆粒吸水不足，這麼一來排氣良好所帶出的水流，只是不斷地沖刷咖啡粉顆粒表面，使得最後萃取出來的只是一堆苦味和不持久的風味。因此彎曲肋骨最大的設計目的，就是要以彎曲肋骨增加水流路徑，來增加咖啡粉顆粒和水接觸的時間。

　　在往上觀察濾杯時，會發現每根肋骨間有再多一根短肋骨，它只停留在上緣的部分。這根肋骨是以粉量為設計的考量，Hario　V60的1人份粉量約在15～18g，可依照個人喜好來做濃度選擇。不過，當粉量使用到18g時，水位的高度與重量也要隨之增加，這時原本的肋骨就會無法承受增加的重量，而讓濾紙陷入肋骨而影響排氣，當遇到此情況時，上緣多出的這根肋骨，就可以有多餘的空間，來避免排氣受到阻塞的情形。

Hario V60與KONO的差異在於，Hario V60是單純以水位下降速度所產生的沖刷力道，來將可溶性物質沖出，而KONO則是利用濾紙和濾杯貼合所產生的虹吸效應，來讓濾杯底部可以形成抽取的作用，進而將可溶性物質從咖啡粉顆粒中萃取出來。

　　當在沖刷為主的沖煮模式下，控制水流的速度和方向就會是Hario V60的沖煮重點。

　　控制水流速度的目的，是要讓咖啡粉顆粒能有足夠的時間吸收熱水，將可溶性物質可以和水融合在一起。而控制水流方向，則是要讓熱水可以覆蓋到粉層裡的所有咖啡粉顆粒。

　　圓錐的設計的確可以讓水集中往下，但在萃取的概念裡，我們會希望水流經的方向，都是以咖啡粉顆粒為主（左圖），而非只是往濾紙和靠近濾杯壁的方向（右圖）。

　　為了讓水流可以盡量流經咖啡粉顆粒，Hario V60所選用的咖啡粉顆粒粗細都會偏細，為的是可以抑制原本就已經排氣良好所產生的重力加速。一般會覺得阻力小可以讓水流通得更快，但這反而會減少水的集中度，使水容易流到濾紙邊，所以要將咖啡粉顆粒調細，並使用小水量給水，才能真正發揮Hario V60螺旋肋骨的優勢。

　　說到小水柱我們大概會馬上聯想到KONO上使用滴水的做法。但是在Hario V60卻無法完全適用，Hario V60的空氣流動，會因為向上延伸的肋骨而變得毫無阻礙，所以在滴水過程中，水流會因太輕而容易被空氣帶往濾紙邊，而非直接往粉層底部走，進而使得咖啡粉顆粒容易產生吃水不足的情形，所以要使用小水柱並配合較細的顆粒，才會發揮最佳效果。

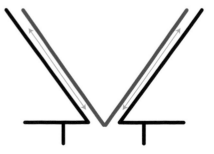

　　Hario V60的空氣流動設計主要是作用在濾杯的本身,所以下壺的部分,並無特殊的需求,只要使用一般咖啡壺即可,不過如果想講究一點的話,Hario V60本身也有下壺可供使用。

　　手沖壺的選擇則是以穩定給予小水柱的KALITA 0.7L為佳,它穩定的水柱和可控制水量的優點,最能符合Hario V60的需求。

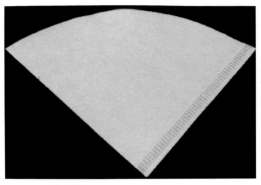

圓錐的濾紙的摺法原則上也是和扇形濾杯的濾紙相同，只要沿著壓合的紙邊將其對折即可。

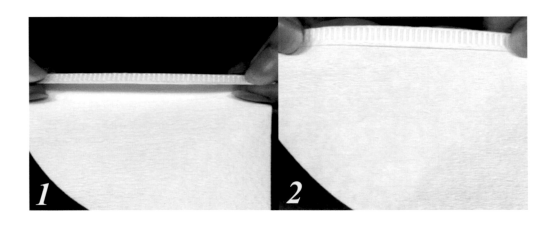

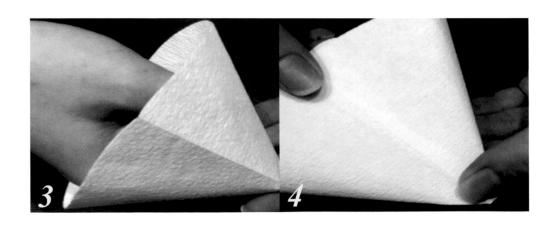

將濾紙擺放至濾杯後，將咖啡粉置入其中，這裡所示範的粉量是15g、萃取量是300cc（萃取比例為1:20）。

在開始沖煮之前，請用手輕拍濾杯周圍，這樣可以讓咖啡粉顆粒均勻地在濾杯裡堆疊。

第一次給水是以小水柱從中心注入，然後再慢慢往外繞出。就像是輕輕地在粉面上鋪上一層水一般。雖然是小水柱但請注意繞圈速度不要刻意變慢，因為一旦繞圈速度太慢，水柱就會往單一方向流入，這樣粉層吃水就會不均勻。

在第一次給水結束後，咖啡粉顆粒會因為排氣而相互推擠，產生膨脹的現象，在膨脹到最高點或快靜止時，就是第二次加水的時間點。

第二次給水也是從中間開始，以小水柱往外繞出。

　　從第二次給水開始就要注意水量，不要超過原本粉層的高度，也就是說，當水柱繞到快靠近濾紙時，就可以停止給水。

　　Hario　V60在初期給水時，會因為大部分的咖啡粉顆粒都處於排氣旺盛的狀態，而讓其所產生的空氣流動，很快就傳導到濾紙邊，所以此時如果一下給太多水，反而會把水往兩邊帶而非底層，因此要利用小水柱加速繞圈，來避免這些問題產生。

　　從第三次給水開始，就要觀察水位下降的幅度。

　　第四次給水的時間點，是在咖啡粉顆粒膨脹最高的時候，這也是咖啡粉顆粒縫隙最大的時候，水會很容易就往下層流，當停止加水後，水位下降速度會變快，最後的狀態就會如右圖所示。

同樣是從中心開始給水，水量不要超過粉層高度。這時也會觀察到泡沫比例已經占滿表面，當加完水後可以再觀察一下濾紙底部，會產生一條萃取水柱，筆直地從濾紙底部流出，這就表示濾紙內的咖啡粉顆粒已經飽和，螺旋肋骨已經產生壓榨功能，生成萃取的水柱。

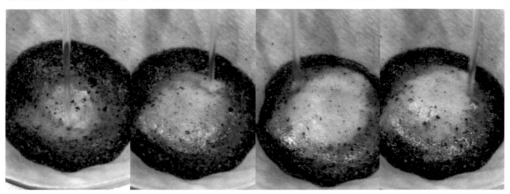

　　前文有提到螺旋肋骨是為了讓水的路徑加長，增加顆粒在水裡的時間而設計的，但這只是附加價值，真正的功能則是當咖啡粉顆粒飽和時，可以透過螺旋所產生像擰毛巾的壓榨功能。

　　圓錐型的濾杯雖然可以增加咖啡粉的集中度、以增加吃水的程度，但卻無法確保水可以集中在粉層內部，有了螺旋肋骨後，就能讓水的流動更為集中，讓水可更集中流經咖啡粉顆粒，確保萃取完整度。

　　當觀察到濾紙底部垂直如老鼠尾巴般的水柱時，就是水流被螺旋肋骨導入內部所產生的結果。如果肋骨是直的，就不會有此作用。

　　當此萃取水柱結束後，就要開始第二階段的給水，加速螺旋肋骨壓榨的功能。

螺旋肋骨的真正用意

　　螺旋肋骨在咖啡粉顆粒吃水還沒飽和之前，因為不會有水流的流動，所以無法產生任何效用，或許有人會覺得如果直接將水柱加大灌滿濾杯，不是也能讓肋骨產生作用嗎？如果單純以功能性為考量，這樣的思考方向是合理，但如果將咖啡粉顆粒萃取也納入考量的話，當咖啡粉顆粒還沒飽和就一次將水量加大，這樣所產生壓榨的效用是無法將咖啡粉顆粒內的可溶性物質帶出的。

　　如下圖所示，當我們在清洗髒的毛巾或抹布時，是不是會先將毛巾或抹布浸溼、搓揉後，再將其扭乾，這樣才能讓髒污隨著水壓榨出來，這樣的道理和Hario V60的萃取方式，有著異曲同工之妙。

沖煮示範

當小水柱產生時，就要開始轉換成第二種水柱——沖水。

　　沖水是為了讓螺旋肋骨的壓榨作用可以加速，這和先前將水一層層注入、為了讓咖啡粉顆粒飽和的方式是不同的。

　　沖水過程中可以快速讓咖啡粉顆粒層充滿水，接著螺旋肋骨就會開始順著水流產生壓榨的效應，同時我們還可發現隨著沖水的節奏，給水過程中不大需要繞圈的動作，只要確保水量可以往下沖即可。而沖水所需的高度，則以不超過原本粉層高度為主，持續這樣的給水，直到水位下降明顯變緩，才再進行下一次給水，記得要讓水位一次一次上升。持續此手法到完成設定的萃取量即可完成萃取。

　　此時要特別留意加水的水量，要以不超過原水位為原則，如果注入太多水，濾紙底部的萃取水柱就不會呈一直線，這也代表讓過多的水量跑到濾紙外了，要是這樣的狀況太過頻繁發生，就會沖淡原本應有的濃度，甚至還會沖出不好的雜味。

Hario　V60有一個較為特別之處，那就是在沖煮深焙和淺焙的咖啡豆時，在手法方面可調整的比例有限，這是因為濾杯在設計上有著非常良好的空氣流動，所以沖煮時，只能在咖啡粉顆粒粗細做調整。

　　我們在第一章就已經針對深淺焙的差異做解釋，其差別就是脫水率的不同，以及可溶性物質的含量多寡。下圖左方是深焙的剖面示意圖，而下圖右方則是淺焙剖面示意圖。在此用剖面截取的方式，將兩種不同烘焙程度的咖啡粉顆粒，以相同大小的面積，來看萃取度的差別。

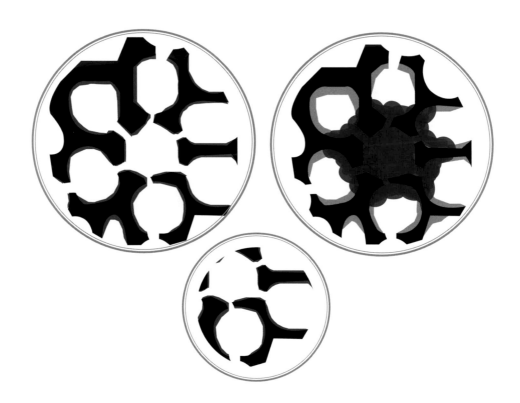

　　如果把上方的小圖當作是較細的顆粒時，我們會發現深焙的顆粒在碰到水後，可溶性物質就會開始跟水結合。反觀淺焙雖然也會馬上跟水結合，但是咖啡豆內部水分未蒸發的部分，也會因而提早溶於水而產生不好的味道。所以在用Hario　V60萃取深焙的咖啡豆時，要將咖啡粉顆粒磨細，以利加速萃取。

當顆粒磨較粗的時候，反而會讓深焙咖啡豆的吃水路徑變長，減緩可溶性物質的萃取，並增加咖啡粉顆粒在水裡的時間。此時，研磨得較粗的淺焙咖啡豆，反而能讓可溶性物質面積變多，以利增加萃取。雖然這麼一來未脫水的面積也會相對加大，但因為Hario V60的水流速度夠快，所以可以快速沖刷表面的可溶性物質，卻又能減少未脫水部分的萃取率。因此當我們在使用Hario V60煮淺焙咖啡豆時，要記得將咖啡粉顆粒磨粗一點。

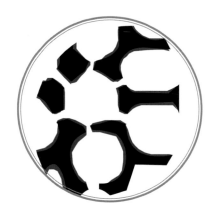

　　要如何分辨深焙或淺焙的咖啡豆，可以用是否完成一爆的製作來做為區別。

　　在一爆結束前就停止烘焙的咖啡豆，都可以稱之為淺焙咖啡豆。而在一爆結束後還繼續烘焙的話，就都可以當作深焙咖啡豆來處理。購買時的相關資訊，都可以向購買店家諮詢。

●濾杯的應用

　　介紹完沖煮理論與濾杯設計原理之後，接下來就是要告訴大家該如何應用這些濾杯。

　　一杯好喝的咖啡，不外乎就是具有香氣分明、酸甜苦均衡以及口感綿密滑順等特色。而濾杯的構造就是依據如何將這些特色加以呈現來設計的。不過如果想要以一個濾杯，來同時達成所有條件的話，就有一定的困難度。在此之前所介紹的濾杯都各有明顯的特色，每一款都能在沖煮咖啡上，達到為特定特色加分的功能。

Kalita

酸甜口感均衡，強調入口的咖啡有從一而終不變的穩定度。適合中深焙與深度烘焙的咖啡。Kalita 扇形三孔濾杯，單純只是靠著濾孔與肋骨來產生，空氣的流動性是藉由控制濾杯裡的水量，來做萃取的動作，也因為這樣，咖啡粉顆粒和水結合的時間才會拉長，可以將中深焙或深度烘焙的咖啡豆，和水做長時間結合，藉此將深度烘焙可能過度的苦味有效地均勻擴散在舌面上，讓人感受苦而帶甜的深焙焦糖甜感。

Hario V60

香氣明顯，容易突顯單一產區的咖啡風味。入口時即可感受單一產區的特有香氣，特別是具水果香氣的咖啡豆，更可利用Hario V60將其香氣完全展現出來。除了香氣，其螺旋肋骨的壓榨式萃取，更可在短時間內將可溶性物質一次壓榨出來，此項優勢在於將大量的可溶性物質帶出，使濃度提高，雖然短時間和水結合，口感稍嫌不夠厚實，但是其高濃度所帶出來的酸甜與明顯香氣是一大特色。

KONO

口感飽滿，風味持續性好。Kono濾杯在萃取過程中，是利用虹吸效應所產生的氣壓來進行萃取，所以咖啡粉顆粒在初期吸水飽和度，會比其他兩種濾杯要高，而濃度的萃取程度上也會高出很多。而Hario V60與Kono的差異，就在於用Kono萃取時，可溶性物質和水結合的時間較長，不像Hario V60在給水過程中，可溶性物質就會隨著水流帶出。一般中深焙的咖啡豆或重口感的咖啡，就會比較建議使用這款濾杯。

這三個濾杯都各代表一種萃取模式，如果各位有研讀過金杯理論的話，其中所講述的18%／20%／22%萃取，剛好就是這三種濾杯所要呈現的。

- 18% 　　香氣風味明顯 　　Hario V60
- 20% 　　風味口感均衡 　　Kalita
- 22% 　　口感厚重 　　　　KONO

以上是以萃取率來作為咖啡整體風味的大致區分，如果要以更精確的方式來表現一杯精品咖啡的話，也必須將下述的條件列入考量。

- 咖啡生豆產區

雖然大部分的咖啡豆都生長在稱為咖啡帶的南北回歸線上，但是依據地域氣候的不同，其風味走向也會有截然不同的差異。舉例來說，巴西咖啡豆是著重口感與甜度，較無特殊香氣，所以濾杯的選擇會以平均度高或著重口感為前提，因此Kalita與KONO就會比較適合。非洲衣索比亞產區的咖啡豆，都具有獨特香氣與風味，尤以水果與花香調為其產區的特色，所以濾杯的選擇會以讓香氣明顯上揚為前提，因此Hario V60非常適合。

- 烘焙度

在前文中已說明過，烘焙的深淺差異是取決於咖啡豆脫水率的多寡，脫水率高的深焙會研磨成較細的咖啡粉顆粒來萃取，所以會以萃取率高為考量來選擇濾杯，例如：KONO跟Kalita。脫水率低的淺焙會研磨成偏粗的咖啡粉顆粒來萃取，濾杯的使用則會以Hario V60為主。

- 處理法

處理法可以大約分為水洗、日曬和蜜處理等三種，水洗處理法的發酵程度較高，生豆往往都會帶有獨特香氣，所以在濾杯選擇上會以Hario V60為主。

而日曬處理法則以甜度與豐富口感著稱，所以使用KONO則可以將其優點完全展現。蜜處理法雖然在口感上更加濃厚，但是其水洗過程卻也增加發酵程度而呈現出微酸味，而這樣的狀態就要使用Kalita均衡萃取其特色。

接著我們將因應各種不同訴求所適用的濾杯列在條件之後，方便各位在選用時可清楚檢視。

風味	適用的濾杯
香氣與酸甜為主	Hario V60
酸甜與口感均衡	Kalita
紮實的口感與尾韻	KONO

產區	適用的濾杯
非洲、中東地區	Hario V60
亞洲、太平洋地區	Kalita
南美地區	
瓜地馬拉	Hario V60
哥斯大黎加	Hario V60／KONO
哥倫比亞	Hario V60／KONO
墨西哥	KONO
巴拿馬	Hario V60／KONO
中美加勒比海地區	Kalita

處理法	適用的濾杯
水洗	Hario V60
日曬	KONO
蜜處理	Kalita

烘焙深淺度	適用的濾杯
淺焙	Hario V60
中焙	Kalita
深焙	KONO

接著我們將以曼特寧作為範例，說明左頁的對照整理表該如何使用，首先要先將購買到的咖啡豆資訊條件（產區、處理方式和烘焙程度）備齊，接著再將各個條件交叉比對、統計，然後就可以得出手邊的咖啡豆適合用哪一款濾杯來萃取。

林東黃金曼特寧產地在亞洲，參照對照表後，推薦使用的濾杯為Kalita。

其處理方式為半水洗（因處理時經過水洗的過程，所以將其歸類為水洗法），參照對照表後，推薦使用的為Hario V60。

烘焙程度為中淺焙（在此將其在歸類在中烘焙，參照對照表後，推薦使用的為為Kalita。

最後一個條件為風味走向，依照其標示所述，黃金曼特寧有著蜜桃般酸甜感以及香料藥草尾韻，所以就酸甜感而言，我們可以選用Hario V60。而獨特香料藥草（香氣）也是風味的一種，因而也是要選用Hario V60。

最後將推薦的濾杯數量加以統計，得到Hario V60兩票、Kalita兩票的結果，所以兩個濾杯都適合。但是如果當各位想要享受林東黃金曼特寧的獨特香料藥草的話，就會建議使用Hario V60。

下一章的主要內容，就是我們醜小鴨手沖的核心技術——手作濃縮咖啡。不過在正式介紹沖煮方法前，想跟大家介紹一家這一生一定要去的咖啡廳，它在筆者的心中不止是咖啡聖殿，更是醜小鴨手沖核心技術的發想地，雖然手沖咖啡只是一個簡單的咖啡粉顆粒與水結合，但這家咖啡店卻可以藉由簡單的器具將萃取極致化，甚至早在義式咖啡機發展出來之前，就可用手作模式將濃縮咖啡沖煮出來，這家咖啡店是身為咖啡迷的人，一定要找時間前往造訪之地。

銀座琥珀珈琲
Cafe De L'ambre

Chapter 5
手沖的應用——
手作濃縮咖啡

手作濃縮咖啡的起源
──東京銀座 琥珀咖啡
（Cafe De Lam'bre）

說到濃縮咖啡，大家的第一印象一定都是義式咖啡機所沖煮出來那像油脂般滑順的咖啡液，如果將器具轉換成常用的手沖器具，一般人大概怎樣也不會相信。

所謂的義式咖啡或濃縮咖啡，都是在短時間內做萃取的動作，進行萃取時，將咖啡粉磨細放入半密閉空間裡，藉由固定水壓的強迫，讓熱水可以進入顆粒內部，而持續的水壓也可以將飽和的顆粒推擠出大量的可溶性物質。

我們將濃縮萃取的條件整理如下：

❶ 整體顆粒在容器內要同時吃水。

❷ 顆粒在飽和之前，不會有萃取液產生。

❸ 當萃取液產生時，所有顆粒必須同時釋放。

當條件被整理出來，你會發現義式咖啡機不過是一個工具，上述的短時間要求是為了避免顆粒泡在水裡太久，但咖啡顆粒吃水的飽和度，以及持續將可溶性物質從顆粒內部帶出的牽引力，才是做出濃縮咖啡的真正重點。如果可以找到類似的沖煮器具，手作濃縮咖啡不是不可能喔。

在講解手作濃縮咖啡的手法之前，有一家咖啡廳是身為咖啡迷這一生一定要拜訪的一家咖啡廳，而它也是醜小鴨手作濃縮咖啡技巧的啟蒙──東京銀座 琥珀咖啡（cafe De Lam'bre）。

琥珀咖啡創立於1948年是日本第一家咖啡廳，而且在初期琥珀咖啡只提供咖啡飲品，並無提供任何三明治類或鬆餅的輕食。一直到現在琥珀咖啡也只是多加了咖啡的果凍、冰沙和起司蛋糕，全都是以咖啡為主軸的陪襯點心，它真可說是一家不折不扣的咖啡專門店。

　　座落於東京銀座的琥珀咖啡，跟它附近的建築物相比，彷彿就像是一幢銀座歷史博物館般的存在，因為不管周遭如何變化，它始終維持著它不變的姿態，保有創業之初的靈魂。

　　琥珀咖啡的靈魂人物就是已經高齡近101歲的關口一郎先生，這樣的年紀，如果要列入金氏世界紀錄、成為最老的咖啡職人，應該是當之無愧吧！

　　雖然關口先生已經沒在吧台沖煮咖啡，但直到今日他還是每天親自到店裡烘焙咖啡豆，堅持為自己的金牌品質把關。

　　各位要是有機會前往日本東京旅遊，不妨抽個時間到琥珀咖啡喝杯咖啡，如果是在下午3點前前往，您應該有機會在位於入門的右手邊的烘豆室和小辦公室，一睹關口先生進行烘豆工作的風采。

琥珀咖啡引人入勝之處，並不在於它悠久的歷史或不變的菜單，而是它沖煮咖啡的手法、以及對咖啡風味的堅持。

很多人會注意到琥珀咖啡這家店，大都是因為店裡的陳年老豆，前往朝聖的人到店裡品嘗一杯十年以上的陳年豆滋味，似乎已經成為不可或缺的儀式。而當我們在品嘗一杯好咖啡時，除了好的烘焙咖啡豆之外，最該重視的還是沖煮咖啡的手法。

所以對筆者而言，琥珀咖啡真正令人感興趣的，就是能夠引出圓潤風味、濃縮咖啡口感的沖煮技術，雖然是小小的一杯咖啡，卻能將酸、甜、苦的平衡表現得恰到好處，一入口就彷彿夾心軟糖般，酸甜滋味伴隨著咖啡風味，從舌面上一陣陣擴散開來，而其近乎油脂般的滑順口感，更是讓人驚豔不已。

之所以要對沖煮手法執著，是因為它可說是將一款咖啡的風味完全展現的唯一途徑。咖啡豆的好壞在出廠的那一刻就已經決定，我們無從掌控，只能藉由這種數據來挑選，而一款咖啡豆的風味是否能完整呈現在客人面前，則是能透過我們的沖煮技術來操作的。因此琥珀咖啡的陳年豆對筆者而言，只是一項時間的產物，我個人所重視的則是它將一杯咖啡完整呈現的精湛沖煮手法。

接著就讓我們帶領各位來一窺關口一郎先生的咖啡世界、他個人研發的專屬咖啡器具，以及那看似單純卻又蘊涵全部手作咖啡基本概念的手沖技巧。

●如何品嘗琥珀咖啡

琥珀咖啡的每款咖啡豆都會提供3種不同的濃度作為選擇，分別是：

- Small（50cc）
- Medium（75cc）
- Large（100cc）

這3種咖啡的使用粉量都是在18.5～19g之間，差別只在於之後沖煮時所稀釋的水量，因此如果各位覺得50cc會太過濃郁的話，不妨先從100cc開始品嘗。

或許有人一看到50cc這樣的分量，會覺得「怎麼會這麼小杯！會不會很濃？會不會很苦……」其實關口一郎先生在定義一杯好咖啡時，並不是以目前市面上常見的咖啡容量來做考量。

　　關口先生所希望的咖啡是可以慢慢啜飲品嘗的，雖然大容量的咖啡也可以慢慢喝，但其風味會因為稀釋的比例而曖昧不明，搞不好還有人會把它當成一杯解渴的熱水來喝也說不定。如此一來，一杯美味咖啡的咖啡風味就會蕩然無存，因此關口先生認為50cc是最佳的萃取量，而且在小小的50cc當中，還要具備以下條件：

- ・好咖啡要能慢慢品嘗，隨著溫度下降酸甜感，應該要能越趨飽和。
- ・好咖啡不要太大杯，小小一杯最能呈現其層次感。
- ・好咖啡的風味雖然要淡雅而非濃重，但卻又要口感厚實、香氣持久。
- ・好咖啡的口味要純淨，將雜味降到最低。

　　以上其實都是一杯好咖啡的構成重點。

　　為什麼琥珀咖啡的最大杯分量就只有１００ｃｃ呢？而在這少少的１００ｃｃ裡要能做到以上條件，其實是有其困難度的。原因就在於：

❶口感要飽滿萃取率就要高，這也就代表可溶性物質要在水裡待到一定的時間，才可以和水結合產生口感。

❷口感要純淨就必須避免咖啡的纖維溶於水而產生雜味。

　　以上兩個條件其實是互相抵制的，因為可溶性物質要多，顆粒吃水時間就要長，但是這也會因為浸泡太久而讓咖啡纖維（木質部）開始吃水而釋出雜味。

　　如果要讓這兩個條件同時成立又不衝突，就必須參考義式咖啡機萃取咖啡的模式，義式咖啡機所產生的９BAR水壓，可以加速整體咖啡顆粒吸水的速度，其持續供給的穩定水量與水壓，則可以加速可溶性物質和熱水的結合，同時又將其帶出咖啡粉顆粒外做成萃取液。琥珀的此種沖煮架構，其實就是義式咖啡機的概念。

濃縮的定義

　　關口一郎先生的手沖咖啡是以法蘭絨為沖煮架構來做考量。

　　雖然法蘭絨的咖啡沖煮並不是一個陌生的手法，但是其使用的普遍程度卻不是太高，主要是因為它不但清理起來麻煩、保存也不便，而且現在大家又以使用濾紙居多，所以自然就很少使用到法蘭絨了。但如果各位想重現琥珀咖啡的風味，並且達到前述好咖啡的四大重點，那就真的非法蘭絨不可了。

　　現在市面上的濾器有濾紙和濾布可供選擇，因為濾紙的纖維較為密集，排氣量會有上限，所以濾紙通常都會搭配濾杯一起使用，而以排氣量作為考量而設計出來的濾杯，又要考慮到像排氣肋骨的長短、深度等重點的變化，因此如果考量到排氣量的問題，就不會選用濾紙來沖煮琥珀咖啡。

　　而濾布的纖維在吸過熱水後，隨著水量的上升、下降而有膨脹、縮小的變化，相較於濾紙的纖維無法膨脹，濾布可使水流速度固定。另外，當可溶性物質釋放時，會被吸附在濾紙上，而使得水流速度變得更慢，最差的狀態甚至會讓咖啡粉顆粒因水流速度變慢而泡在水裡，造成容易產生澀味的情況。

　　法蘭絨濾布因良好的排氣功能，以及可隨著水量自動調節排氣量的效應，而成了琥珀沖咖啡的首選器具。當我們用濾布萃取咖啡時，初期水滴的過程，會因濾布吸水緩慢、纖維慢慢膨脹，而讓熱水在咖啡粉顆粒裡停留較長的時間。之後隨著濾布所吸附的水量慢慢增加，會讓水壓壓迫濾布纖維，迫使濾布纖維收縮，讓存在於濾布纖維裡的水流出，進而使水流速度變快，將可溶性物質一次帶出。

將琥珀咖啡的萃取方式加以歸結後，我們可以
發現和前述的濃縮咖啡製作方式有異曲同工之妙。

- 整體顆粒在容器內要同時吃水。
- 容器內的咖啡粉顆粒在飽和前，
  不會有萃取液的產生。
- 萃取過程中，整體咖啡粉
  顆粒必須同時釋放出可
  溶性物質。

　　如果想熟練琥珀咖啡
的萃取手法，還是需要一
定時間的練習，尤其要著
重於左右手的互相配合，
用右手拿的手沖壺，要不
停地在點和線之間交替讓
熱水滴落，而且還不能有
中斷的情形。在此同時，左
手還要隨著滴落的水滴來回不
斷地以大小不等的同心圓移動，
以確保顆粒可以吃水均勻。

　　雖然此沖煮手法難度很高，產值也不是太
好，但是有一個濾杯可以提供類似的架構，而且
沖煮手法簡單，那就是KONO。

手作濃縮的實踐
——KONO圓錐濾杯

前文有提過KONO是以虹吸的概念來做萃取，藉由虹吸效應所產生的氣壓式抽取，剛好可以符合義式咖啡機所產生的定壓與定水量的推擠效應。氣壓式的抽取可以帶動濾杯裡的整體粉量，所以利用KONO做濃縮時，第一個步驟就是要讓咖啡粉顆粒飽和度再提升，而做法就是將濾紙浸過水降低空氣流通率，讓初期的滴水過程可以持續更久，產生水柱的時間往後延長。

第二步驟就是增加氣壓的效能。先前在KONO的整體設計中對於下壺的選用有提過，下壺在KONO濾杯所產生的氣壓時，也扮演著重要的角色，類似虹吸壺下壺的設計，讓抽取所需的空氣能沿著圓弧的外型更加順暢地流動。

而在濃縮的需求下，我們要將這個功能強化，讓下壺空氣流動的路徑變短，以獲得最大的吸力。因此在這個部分醜小鴨設計了一個剛好可以符合KONO下座的量杯，讓細縫減少以增加虹吸的效能，並藉此增加近兩倍的吸力。

最後就是水量與粉量的比例，這裡所示範的，是參考義式咖啡雙人份的粉量18～19g之間，萃取量為100cc。

●事前準備

使用的工具和一般用Kono
濾杯的煮法工具大致相同，差
別只在此次的量杯，要選擇更
貼合KONO濾杯下環的大小，
藉以讓細縫變小增加吸力。如
果沒有這種量杯，只要找到能
貼合KONO濾杯下環大小的下
壺都可以。

粉量的部分是使用18g，
萃取量為100cc。

咖啡粉顆粒的粗細，是使
用較細的大小以利可溶性物質
的萃取加速。以下是建議粗
細：

Bonmac #4
小富士 #2.5

手作濃縮示範

開始先用熱水將濾紙澆濕。

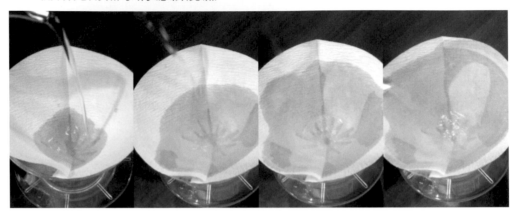

　　澆濕的動作只是單純為了讓濾紙吃到水，所以沒有特別需要注意的地方。

　　澆完熱水後，可以觀察一下側面，確認濾紙是否已經緊緊貼附在濾杯壁上。

　　接著將咖啡粉顆粒放入濾紙內，然後用手輕拍濾杯周圍，以確保整體咖啡粉顆粒吃水的均勻度。

進行第一階段沖煮時，給水的手法都和一般使用KONO濾杯時的手沖方式相同。

在滴水過程中，因為濾紙已經先行浸溼，所以在一開始濾紙就會和濾杯壁貼緊，這麼一來就能減緩整體水流的速度，咖啡粉顆粒也可以吸附到最多的水量。

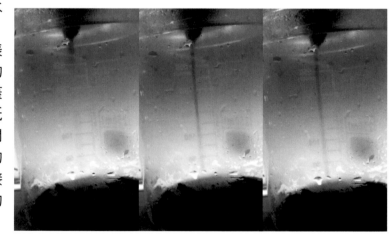

等到粉層表面慢慢被膨脹的咖啡粉顆粒覆蓋時，要注意濾紙的底部應該會開始陸續有滴水的情況產生，緊接著變成一直線的水柱。

當這個水柱產生之後，要先停止滴水的動作直到小水柱停止。這樣的狀況代表著咖啡粉顆粒吸水的飽和度，已經膨脹到擠壓周遭的咖啡粉顆粒，同時底部的粉量應該也都累積一定的水量，所以當咖啡粉顆粒膨脹到一定程度，虹吸效應就會開始產生氣壓式的抽取，而這一直線的水柱就是虹吸效應開始作用的證明。

接下來我們要改變水柱的形態，以小水柱的型態放水，讓氣壓式的抽取得以持續。

當小水柱產生時，位於濾紙底部的咖啡粉顆粒，就會呈現如右圖般的狀態，各個咖啡粉顆粒間都呈現飽和狀態，當虹吸效應產生後，氣壓式抽取就會帶動整體粉層，帶出最高濃度的萃取。

為了讓這樣的抽取作用持續，給水要換成放水的方式，用小水柱從中心往外繞，然後在水位上升前就停止。

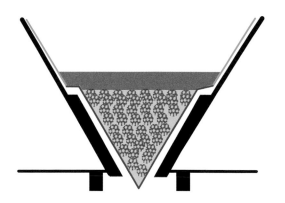

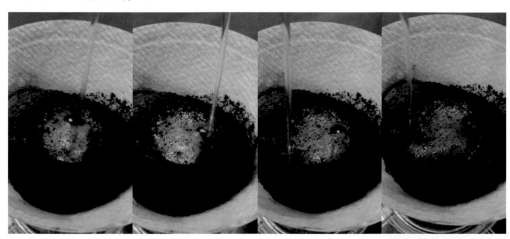

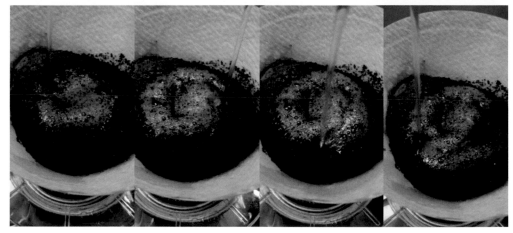

　　大約在小水柱繞到最外圈時，萃取的水柱會再度產生，此時要先停止給水，讓萃取水柱可以不受干擾地將咖啡粉顆粒的可溶性物質全部帶出。

　　在這個階段要開始做放水的動作，我們可以把它當成是用水將上方封住，讓空氣只能往下跑，而每一次放水的水量不需要多，就是加到原水位即可。

　　接著只要重複相同的模式，直到萃取量到達100cc即可。

濃縮咖啡的應用飲品 ❶

　　等濃縮咖啡完成後，因為它的濃度夠濃的關係，所以當它再和其他液體結合時，也不會減弱咖啡的風味；以下則是最常見的應用飲品。

拿鐵（咖啡牛奶）

材料

　手作濃縮咖啡……50cc

　牛奶……150cc

作法

　液體材料的比例為1:3，1份咖啡以3份牛奶加以稀釋，如果想喝大杯一點的分量，可以用這個比例增加分量即可。

濃縮咖啡的應用飲品 ❷

　　咖啡冰沙則是運用手作濃縮咖啡的甜度優勢來取代一般的糖分。做法與材料如下：

咖啡冰沙

　材料

　　手作濃縮咖啡……75cc

　　鮮奶……30cc

　　冰淇淋……1大球

　　咖啡冰塊……4大顆

　作法

　　咖啡冰塊的製作方式，是使用Kalita濾杯將咖啡以1:20的萃取比例做成，在此是建議以15g咖啡粉萃取成300cc。等咖啡液放涼後，再放入製冰模冷凍即可。

將所有材料放入冰沙機中，直接進行混合攪拌即可。

Chapter 6
手沖的應用──
不用等的冰滴咖啡

冰滴與冰咖啡的區別

● 冰滴（冰咖啡的極致，不帶水感而且口感圓潤的單品冰咖啡）

一般人在選擇冰咖啡時都會以冰滴為主，不然就是以美式咖啡為基礎再加水和冰塊來飲用。通常提到手沖咖啡，我們應該都不會聯想到它會是冰的吧？除了口味會有太淡的問題，不然就是要用極度深焙的咖啡豆來加強味道，但到頭來還是要加糖、加奶來掩蓋其苦味。

其實冰咖啡會口味淡如白開水，是因為咖啡的濃度不足的關係，雖然咖啡濃度的高低和粉量多寡有些許關係，但實際上能影響咖啡風味與口感的，卻是可溶性物質的萃取多寡。

然而我們該如何正確地沖煮出一杯美味的冰咖啡呢？其實只要利用手作濃縮的概念來進行即可，只是在濾杯的選擇部分，要記得使用Hario V60來做沖煮。

KONO和Hario V60兩種濾杯的作用是不同的，KONO是以虹吸效應做萃取，而Hario V60是以壓榨的模式萃取。這樣的差異影響了可溶性物質和水結合的時間長短。KONO和水結合的時間較長，口感較為飽滿，適合和牛奶作結合，因此用KONO所萃取的濃縮咖啡，在加了牛奶之後，反而能增加滑順感。如果是想將單品咖啡的香氣完全表現出來，就要將口感的部分降低，但在降低口感的同時，也要避免降低濃度的釋放，而Hario V60的特點剛好可以勝任這樣的沖煮模式。

Hario V60的壓榨功能，只要當熱水經過肋骨就會產生，而可溶性物質在熱水反覆沖刷的動作下，會不斷地被釋出且不會和水接觸太久，這麼一來，就能達到萃取出最高濃度且釋出最明顯香氣的效果。

接下來將為各位解釋沖煮的步驟。

冰咖啡的沖煮示範

　　製作冰咖啡一般有兩種方式，一是將咖啡萃取完之後，直接將冰塊倒入咖啡中降溫。另一種方式是先將熱咖啡冰鎮後，再加入冰塊。這兩種方式的差別在於融水的比例，將咖啡先冰鎮過，可以降低融水的比例，讓風味不會因冰塊稀釋而變淡，但這都是因咖啡濃度不足所造成的，為了避免這種情形，接下來的方式可以讓咖啡萃取成最大的濃度，省去不必要且繁瑣的冰鎮過程，萃取好濃縮咖啡後，就能直接加入冰塊飲用。

●沖煮條件

咖啡粉	15g	
顆粒粗細	小富士	#5
	Bonmac	#10
	Kalita	#6
萃取比例	1:10	

　　這樣的萃取方式不需刻意挑選咖啡的深淺焙程度，唯一要調整的只有咖啡粉顆粒的粗細。這裡的沖煮只要直接套用前文介紹過Hario V60的粗顆粒與細顆粒規則即可。

●步驟

　　先將下壺容器塞滿冰塊，但高度不可影響到濾杯的放置。下壺的容器選擇沒有特殊要求，只要有刻度方便檢查萃取量即可。

將咖啡粉顆粒置入濾紙後拍平，因為冰咖啡是希望萃取出最大的濃度，所以濃縮萃取概念和使用KONO時是一樣。不過因為Hario V60的肋骨是從濾杯底部延伸到頂端，具有極佳的空氣流動，所以如果用滴水方式沖煮，反而會讓水往濾紙邊緣跑，而不是往下流動。因此用小水柱所產生的重量，配合極佳的空氣流動，水會比較容易往下並流經每個咖啡粉顆粒。

沖煮時先把濾杯置於容器上，手沖壺給水的方式，是以同心圓的方式，由中心慢慢一層一層往外繞出。等繞到靠近濾紙時，就要停止給水，這是因為水一旦直接沖到濾紙，就會直接從濾紙流出去，而降低咖啡粉顆粒吃水的飽和度。

等到濾杯內的水都流乾之後，再持續以同樣的方式給水，這個時候我們可以看到表面開始產生越來越多的泡沫，當泡沫的比例如同下列照片所示時，就表示咖啡粉顆粒已經趨近飽和，接著就要用較大水量來沖刷。

使用Hario V60萃取時，要如何控制較大的水量來沖煮咖啡呢？其實一點都不難，只要讓手沖壺流出的水集中在中心灌入，等水位上升到原本高度時，馬上停止給水即可。

使用大水柱給水時，要開始注意流入下壺容器的萃取量，因為下壺容器裡還裝有冰塊，所以當萃取量變大時，就會加速冰塊融化的速度，為了避免濃縮咖啡被稀釋過多，要不時地注意一下萃取量。

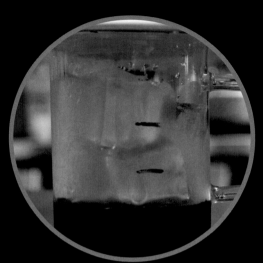

重複相同的手法進行沖煮，直到萃取量達到300cc，就可以將濾杯移開，開始享受一杯口感滑順的冰咖啡！

Coffee house & Barista training center

UGLY DUCKLING

醜小鴨是一個整合咖啡資源的訓練中心，從一顆豆子，
到一杯咖啡，你都可以找到你需要的專業知識與訓練
雖然食物飲料會因各人喜好而產生主客觀因素，但要達
到好吃好喝是有一定的標準，這也是醜小鴨訓練中心的
強項，系統化的訓練

在國外專研Espresso & Latte Art 的這條路上也算是累
積了許多的經驗與收穫！在綜觀台灣現有的狀況下，義
式咖啡的訓練是可以更具有完整性及系統化，甚至可藉
由完整的訓練體制下讓對咖啡有熱誠的人在國際間的舞
台上發光發熱

就像是醜小鴨一樣，都有成為美麗天鵝的無窮潛力！我
們有信心，在醜小鴨的訓練之後，你會從愛喝到會喝，
從品嘗到鑑定，從玩家到專家，從業餘到職業。

Craft

台北市中山區合江街73巷8號
(02)2506-0239

憑此頁廣告每人可
抵用中心任何課程
壹千元，不可與其
他折價合併使用

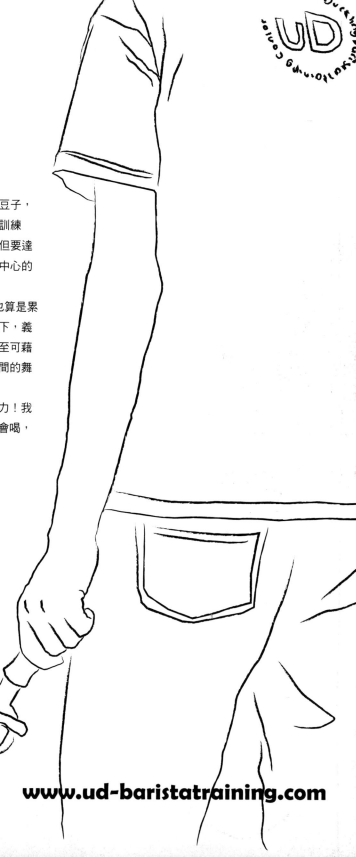

www.ud-baristatraining.com

國家圖書館出版品預行編目資料

手沖咖啡大全 / 醜小鴨咖啡師訓練中心著；
-- 初版 . -- 臺北市：臺灣東販，2015.02
136 面；18.2X24 公分
ISBN 978-986-331-658-9（平裝）

1. 咖啡

427.42　　　　　　　　103027138

手沖咖啡大全

2015 年 2 月 1 日初版第一刷發行
2018 年 12 月 25 日初版第十三刷發行

編　　著　醜小鴨咖啡師訓練中心
副 主 編　陳其衍
發 行 人　齋木祥行
發 行 所　台灣東販股份有限公司
　　　　　＜地址＞台北市南京東路 4 段 130 號 2F-1
　　　　　＜電話＞(02)2577-8878
　　　　　＜傳真＞(02)2577-8896
　　　　　＜網址＞www.tohan.com.tw
郵撥帳號　1405049-4
法律顧問　蕭雄淋律師
總 經 銷　聯合發行股份有限公司
　　　　　＜電話＞(02)2917-8022
香港總代理　萬里機構出版有限公司
　　　　　＜電話＞2564-7511
　　　　　＜傳真＞2565-5539